AF224655

GÉOGRAPHIE
DU PERCHE

8° LK²
4185
II (2)

GÉOGRAPHIE
DU PERCHE

ET CHRONOLOGIE

DE SES COMTES

SUIVIES DE PIÈCES JUSTIFICATIVES

FORMANT LE

CARTULAIRE

DE CETTE PROVINCE

Par le Vicomte DE ROMANET

Ancien Élève de l'École des Chartes
et Président de la Société Percheronne d'Histoire et d'Archéologie

MORTAGNE

IMPRIMERIE DE L'ÉCHO DE L'ORNE

—

1890-1902

RÉGION ET PROVINCE DU PERCHE

Par le Vᵗᵉ O. de Romanet

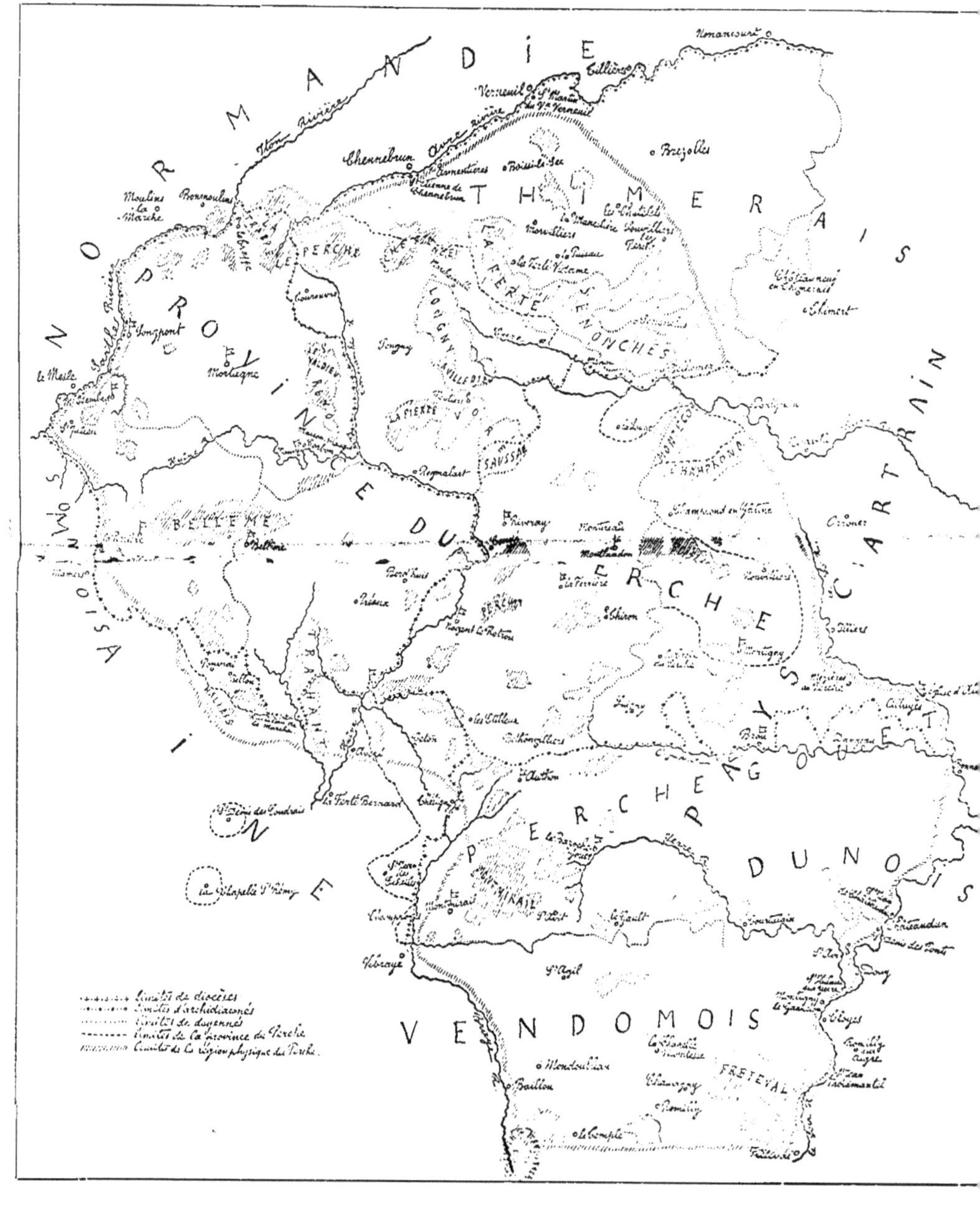

PLAN DE CETTE ÉTUDE

Le premier soin de celui qui veut faire connaître un objet est presque toujours d'en donner une définition : il ne sera donc pas inutile de rechercher ici ce qu'a été le Perche aux différentes époques de notre histoire, et cela d'autant plus que ce mot a été employé pendant plusieurs siècles dans deux acceptions absolument distinctes dont il importe de préciser la portée.

Le mot Perche, qui désignait vers l'an 600 de notre ère (et selon toute probabilité depuis une époque bien plus reculée) une vaste forêt située entre les territoires des peuples gaulois des Carnutes et des Aulerces, ne s'appliquait encore au commencement du xie siècle à aucune division politique ou administrative, cette région boisée se trouvant partagée entre le comté de Corbon (ou de Mortagne), la baronnie de Châteauneuf-en-Thimerais, le comté et l'évêché de Chartres, la vicomté de Châteaudun et le comté de Vendôme.

Dans la seconde moitié du xie siècle, un des plus puissants seigneurs du pays, possédant à la fois le comté de Corbon et la seigneurie de Nogent-le-Rotrou, ce qui le rendait maître de la plus grande partie de la vieille *forêt du Perche*, prit un titre nouveau, celui de *comte du Perche* et dès lors le mot Perche, qui continua toujours à désigner la *région* occupée par la forêt, désigna aussi en même temps le nouveau *comté*, qui comprenait celui de Corbon et la seigneurie de Nogent, mais qui n'occupait qu'une partie (ne dépassant guère la moitié) de la région du même nom.

Le comté du Perche, un des grands-fiefs de la Couronne de France, dont il relevait directement, réuni au domaine de la Couronne au xiiie siècle, puis apanagé, forma enfin un bailliage royal, puis une province (1) lorsque cette dénomination fut adoptée par la royauté plus puissante, et conserva jusqu'à la Révolution son individualité distincte, ses coutumes (c'est-à-dire sa législation traditionnelle sanctionnée par les représentants de la population entière) et le droit d'envoyer ses députés non à un autre bailliage, mais directement aux États-Généraux du royaume.

La première partie de cette étude sera consacrée à la recherche des limites approximatives de l'ancienne forêt du Perche et à l'indication des peuples gaulois qui l'habitaient, peuples aux territoires desquels correspondirent ensuite des divisions d'ordre civil et ecclésiastique.

Dans la seconde seront examinées la formation du comté du du Perche, la chronologie de ses comtes et celle des seigneurs de Bellême; quelques indications seront fournies sur Longny et Marchainville qui faisaient partie de la province mais non du comté du Perche.

Enfin, quoique ce qui ne concerne pas la province du Perche sorte du cadre tracé à ce recueil de documents, il sera peut-être utile, pour accentuer ce cadre lui-même en montrant ce qui n'en fait pas partie, de parler brièvement de quelques-uns des états féodaux constitués entièrement ou en partie dans la région du Perche en dehors de la province de ce nom : le Thimerais, le Perche-Gouet et la châtellenie de La Loupe; quant au Dunois et au Vendômois, comme ils ne sont pas même contigus à la province du Perche dont le Perche-Gouet les sépare, il n'en sera point parlé ici.

(1) Certains lecteurs pourront trouver superflu de prouver que la province du Perche, par le fait seul qu'elle était une province ne pouvait pas faire partie d'une province voisine, mais la suppression des provinces par la Révolution et le morcellement de la France en départements font qu'il ne sera peut-être pas inutile d'insister sur cette vérité évidente.

PREMIÈRE PARTIE

GÉOGRAPHIE DU PERCHE AVANT L'ÉPOQUE FÉODALE

CHAPITRE Ier

LA FORÊT DU PERCHE

§ 1. *Ancienne acception du nom de Perche.* — § 2. *Limites au nord.* — § 3. *A l'ouest.* — § 4. *Au sud.* — § 5. *A l'est.*

§ 1. Ancienne acception du nom de Perche.

Le mot Perche a d'abord désigné une vaste forêt s'étendant sur une partie de la chaîne de collines dont la crête sépare les bassins inférieurs de la Loire et de la Seine.

Jules César, dans ses Commentaires (1), dit que tous les ans, à la même époque, les druides se réunissaient dans un lieu consacré, près de la frontière des Carnutes, région réputée pour être le centre de toute la Gaule, et là, tranchaient les différends et rendaient la justice. Connaissant la prédilection des druides pour les forêts et leur culte pour les chênes, on peut raisonnablement voir dans la forêt du Perche ce lieu mystérieux, sorte de capitale des Gaules ; mais d'un côté, le sud du pays des Carnutes, c'est-à-dire l'Orléanais, serait plus au centre des Gaules, et d'autre part, si on ne tient pas compte de cet argument, l'antique ville de

(1) *Hi* [druides], *certo anni tempore, in finibus Carnutum, quæ regio totius Galliæ media habetur, considunt in loco consecrato. Huc omnes undique, qui controversias habent conveniunt, coramque judiciis decretisque parent.* (César, de Bello Gallico, lib. VI, 13 ; éd. Panckoucke, p. 336).

Dreux, d'origine évidemment gauloise et située à la frontière nord des Carnutes, peut disputer la préférence à la forêt du Perche.

La plus ancienne mention qui ait été signalée de la forêt du Perche est celle qu'on prête à Grégoire de Tours (mort avant la fin du vi^e siècle), qui donnerait de ce nom, dans son traité de la gloire des Confesseurs, une étymologie difficilement admise aujourd'hui (1), mais le passage cité n'est évidemment pas du saint évêque de Tours (2). Le Perche est cité dans un autre passage de Grégoire de Tours que nous examinerons plus loin, et dans un passage relatif à l'an 520 de la vie de saint Avit (3) dont l'auteur est regardé par les Bollandistes comme à peu près contemporain. La forêt du Perche et le territoire sur lequel elle s'étendait se trouvent dès lors cités de plus en plus souvent dans les chroniques et autres anciens documents (4).

Il est naturellement impossible de tracer d'une façon mathématique les limites de cette région à l'époque reculée où elle était encore presque entièrement boisée; il existe cependant un certain nombre de localités dont les unes sont placées par des

(1) Odolant-Desnos dit dans la dissertation qui précède ses Mémoires sur Alençon que le mot Perche est plutôt celte que latin, mais un des philologues les plus remarquables de nos jours nous a assuré que l'étymologie celte devait être écartée; n'ayant pas les éléments nécessaires pour approfondir cette question, nous signalerons seulement comme devant avoir la même origine les noms du comté et de la ville de Perth en Écosse, puis de l'ancienne ville de Perthes, détruite par Attila, et qui avait été la capitale du Perthois ou Pertois, ancien pagus actuellement compris dans les limites des départements de la Marne et de la Haute-Marne.

(2) Bart des Boullais et après lui Pitard (Fragm. hist. sur le Perche, p. 374) et Gouverneur (Essais hist. sur le Perche, p. 43) citent le 30e chap. du livre de la Gloire des Confesseurs de Grégoire de Tours, or, le passage qu'ils citent ne se trouve ni au chap. indiqué, ni même dans aucun autre des ouvrages de Grégoire de Tours, d'après les éditions de 1522, 1677 et 1699, et on n'a pu encore découvrir d'où cette citation a été tirée.

(3) *An 520*. [*S. Avitus et discipuli ejus*] *vastas loci Perthici solitudines, ut sese iterum occultarent, expetierunt. Ex vita S. Aviti abb Perticensis ab anonymo fere cœvo conscripta. Apud Bollandianos XVII junii.* Rec. des hist. des G. et de la Fr., III, p. 439.

(4) Vers 600, Thierry, roi des Bourguignons, poursuivit Clotaire II jusque dans la forêt du Perche. *Hlotarius fugâ lapsus usque Perticam sylvam pervenit.* (Vita S. Bethari, dans le Rec. des hist. des Gaules et de la France, III, p. 488.)

En 842 « *Carolus [II] partem exercitûs Sequanam trajecit et in saltum, qui Pertica vulgo dicitur, direxit.* » Nithardi Caroli M. nepotis hist., l. III. Rec. des hist. des G. et de la Fr., VII, p. 26.

En 855 « *Berno Normannus... usque Perticam saltum plurimam stragem ac depopulationem fecerunt...* » Chron. Font. dans le Rec. des hist. des G. et de la Fr., VII, p. 43.

Types Percherons
Le petit dénicheur.

Dessin de Vicomte G. de Bonnault.

auteurs anciens dans la forêt du Perche, dont d'autres ont conservé dans leur nom même l'indication de cette position ; elles peuvent donc servir de jalons pour tracer sur la carte le contour général de l'antique forêt que le chroniqueur Aimoin, né dans la seconde moitié du xe siècle, cite comme la plus remarquable de toute la Gaule celtique (1).

Nous ne prétendons pas dire le dernier mot sur cette question et on pourra peut-être trouver quelque texte prouvant que certaines localités, situées en dehors des limites que nous proposons aujourd'hui, se trouvaient cependant dans la forêt du Perche, ce qui en étendrait les bornes de ce côté ; mais nous n'avons cru devoir accepter que les indications qui nous semblaient bien prouvées (2).

§ 2. Limites de la forêt du Perche au nord.

Elle comprenait certainement la forêt qui porte encore aujourd'hui le nom de forêt du Perche et s'étend sur les communes de Bresolettes, Bubertré, la Poterie-au-Perche, Prépotin, Randonnay, Tourouvre, la Ventrouze ; le cartul. de Saint-Père (p. 246) y place Boissy-le-Sec en 1086 ; elle s'étendait ainsi jusqu'aux sources de l'Avre, de l'Iton et de la Sarthe.

§ 3. Limites de la forêt du Perche à l'ouest.

Saint-Julien-sur-Sarthe est placé en 869 dans la forêt du Perche (Rec. des hist. des G.), ce qui semble prouver, quand on examine la carte, que le territoire compris par le doyenné de Corbon, qui a toujours été borné à l'ouest par la Sarthe, devait aussi faire partie de cette région forestière. Entre Saint-Julien-sur-Sarthe et la forêt de Montmirail, nous ne trouvons que l'église

(1) . . . « *post eum exstat Liger qui terram illam quæ inter illum et Sequanam jacet pene insulam efficit. Sylvæ multæ, sed eminentior cæteris Perticus* » præfat. in Gest. Francor. d'Aimoin, ap. D. Bouquet, III, 25, 489.

(2) Il ne nous a donc pas paru possible, malgré l'autorité de cet éminent auteur, d'adopter l'opinion de M. Maury qui, dans son livre sur les forêts de la Gaule (p. 298 et suiv.), voit dans la forêt de Perseigne et même dans celle d'Ecouves des débris de l'ancienne Sylva Pertica, car nous n'avons encore découvert aucun texte, ni aucune indication précise qui pût confirmer cette affirmation, et M. Maury n'en donne lui-même aucune espèce de preuve.

des Etilleux comme localité placée dans le Perche par d'anciens documents (1). Une charte de Jacques de Châteaugontier, d'avril 1242, place les bois de Trahant (2) dans le Perche, mais cela seul ne prouverait pas absolument qu'ils fussent situés dans la *région* du Perche, car par Perche on pouvait entendre alors le comté du Perche et non la région du même nom (3). Il nous semble néanmoins probable que les limites de la région du Perche concordaient à peu près de ce côté avec celles du diocèse du Mans, au moins à partir de l'Huisne, et qu'elles étaient les mêmes que celles des doyennés du Perche et de Dunois-au-Perche du diocèse de Chartres; la forêt du Perche devait englober les forêts de Blavou (4), de Bellême, de Clinchamps, de Trahant, de Montmirail et peut-être de Hallais. Elle ne pouvait de ce côté s'étendre moins loin que Saint-Avit-au-Perche, paroisse située près de la forêt de Montmirail et identifiée par M. Merlet (5) avec

(1) Ante a. 1102 : *ecclesia in honore matris Domini fundata, in Pertico, loco qui dicitur Extiliolus.* (Identifié par Guérard avec les Etilleux.) (Cartul. de Saint-Père, p. 234.)

(2) La forêt de Trahant (Trehant, Trahunt, Treant ou Creans) ne porte plus ce nom aujourd'hui, et a dû être essartée en partie; il reste encore des bois assez étendus, qui en sont certainement un débris et couronnent une chaîne de collines située sur le territoire des communes de Saint-Cyr-la-Rosière, Gémages, l'Hermitière, Saint-Germain-de-la-Coudre, le Theil (dans le département de l'Orne), Avezé et Souvigné-sur-Même (dans le département de la Sarthe). Plusieurs passages des chartes qui la concernent et que nous publions en déterminent la position : *in nemoribus nostris sitis in Trahento, juxta Tiliam in castellaniâ Bellismensi ...* (Charte de 1258); *in nemoribus nostris sitis in Trahanto juxta Turrem de Sab* [la Tour du Sablon à 2 kil. N.-N.-E. de Gémages d'après Cassini et la carte du canton de Nocé], *in castellaniâ Bellismensi..... in unâ parte dictorum nemorum nostrorum juxta chemino per quod itur a villa de Sancta Gauburge* [Sainte-Gauburge-de-la-Coudre, en Saint-Cyr-la-Rosière] *ad Firmitatem-Bernardi* (charte de 1259). Enfin, en marge de la pièce 70 du ms. lat. 9220 de la B. N., concernant un accord avec le couvent des Clérets, est écrit ce qui suit : *..... les bois de Trehant sont appelés à présent les bois de Nonains, défrichez, qui composent le lieu de l'Estang-Bouillon et partie en notre domaine.* Or l'Etang-Bouillon est marqué sur les cartes à environ 2 kil. S.-S.-O. du chef-lieu de la paroisse de l'Hermitière. Le nom de *Bois de la Chiene* est attribué par la carte de Cassini au milieu de la forêt de Trahant. La carte de l'Etat-Major et celle du canton du Theil ne lui donnent aucun nom; une partie en est actuellement connue sous le nom de *bois de la Proutrie.*

(3) Voy. nos pièces justificatives pour les années 1232, 1242, 1255, 1258, 1259.

(4) Forêt importante, aujourd'hui essartée, et dont deux paroisses : Saint-Jouin-de-Blavou et Saint-Quentin-de-Blavou, et un château : Blavou, commune de Saint-Denis-sur-Huisne, ont seuls gardé le nom.

(5) Introduction au dictionn. topog. d'Eure-et-Loir, p. XI et XII.

le lieu indiqué par la légende de saint Avit (1), comme situé dans les forêts inhabitées du Perche. Le prieuré de Guerreteau, près Mondoubleau, faisait, au XIIIe siècle, partie du doyenné du Perche (2), et comme il nous semble plus que probable que la région du Perche comprenait ce doyenné, nous la limiterons comme lui par la Braye, depuis Vibraye jusqu'au-delà de Baillou.

§ 4. Limites de la forêt du Perche au sud.

La région du Perche comprenait le Temple (3) ; Romilly-sur-Aigre est indiqué dans le dictionnaire topographique d'Eure-et-Loir comme ayant porté le nom de Romilliacum in Pertico d'après une charte de l'abbaye de Saint-Avit-de-Châteaudun de 1246, mais nous croyons que cette identification ne doit pas être admise à moins de nouvelle preuve, et que Romilliacum in Pertico désigne Romilly, paroisse située entre Fréteval et Mondoubleau, et distinguée, par la mention de sa situation dans le Perche, de Romilly-sur-Aigre, que M. Merlet (4) place lui-même en Beauce, puisqu'il limite celle-ci à la rive gauche du Loir jusqu'à Saint-Hilaire-sur-Yerre. Chauvigny est aussi placé dans le Perche par une charte du commencement du XIIe siècle (5) ; Saint-Jean-Froidmantel faisait partie du doyenné de Dunois-au-Perche, et comme la forêt de Fréteval est située entre Chauvigny et Saint-Jean-Froidmantel, nous regardons cette forêt comme un fragment de l'ancienne forêt du Perche, sur la lisière de laquelle fut bâti Fréteval au bord du Loir.

§ 5. Limites de la forêt du Perche à l'est.

La région du Perche devait, de Fréteval à Saint-Hilaire-sur-Yerre, s'étendre jusqu'au Loir, que M. Merlet donne comme

(1) ... *decessit in vastas Pertici solitudines... locum antiquitus Piciacus vocatus, nunc vero vocabulo cellæ Sancti-Aviti agnoscitur insignitus... taliter a villarum confinio penitus exclusus arboribus victum prœbentibus degebant.* (Merlet, lieu cité.)

(2) Pouillé du diocèse de Chartres de la seconde moitié du XIIIe siècle, pub. dans le cartul. de Saint-Père, p. 298.

(3) *Actum in foresta que Perticus dicitur in domo militum de Templo* (charte de Geoffroy, vicomte de Châteaudun, au XIIe siècle. Merlet, intr. au dict. top. p. XI).

(4) Introd. du dict. top. d'Eure-et-Loir, p. XI.

(5) Carta fundationis cellæ Calviniaci in Pertico, 1116-1136, pub. par M. Mabille (cartul. de Marmoutiers, pour le Dunois, p. 160) qui, dans sa

limite occidentale à la Beauce de ce côté. Odolant-Desnos (1) nous
apprend que les Normands ayant détruit le monastère de Saint-
Avit, il fut rétabli en 1045 par Ganelon (dont il a fait Wanelon
ayant pris l'e pour un c), trésorier de Saint-Martin de Tours, qui
lui donna de nouveaux droits de panage et de chauffage dans sa
forêt du Perche (2), droits qui furent confirmés par le pape
Alexandre III; or, cette abbaye était située sur les bords du Loir,
dans la paroisse de Saint-Denys-des-Ponts, près Châteaudun. Nous
croyons qu'au nord de Châteaudun la région du Perche devait
continuer à avoir les mêmes limites que le doyenné de Dunois-au-
Perche, suivant à peu près le cours du Loir, près des bords duquel se trouvent Mezières-au-Perche, Illiers, Fontenay-au-
Perche (3), quoique M. Merlet (4), (invoquant un titre du cartulaire de Saint-Père qui, selon lui (5), place Brou dans la Beauce),
avance bien moins loin vers l'est les bornes de la région du
Perche et place en Beauce la moitié du doyenné de Dunois-au-
Perche.

Au-dessus d'Illiers, le Loir pouvait jusqu'à sa source continuer
à servir de limites entre le Perche et la Beauce 6. Une charte (7)
du XIIIᵉ siècle place Orrouer dans le Perche, qui ne peut s'entendre du comté du Perche, dont Orrouer ne faisait point partie,

table géographique, identifie Calviniacum avec Chauvigny, canton de
Droué (Loir-et-Cher).

(1) Dissert. précédant les Mém. hist. sur Alençon, p. LVI.

(2) *Ideo ego Wanelo, videlicet S. Martini thesaurarius... augeo eis
pastionem centum porcorum in silva mea, quæ vocatur Porticus, et
ligna ejusdem silvæ ad calefaciendum seu operandum 1045.* Ex chartul.
S. Aviti. Gall. Chr. VIII, instr. 299.

(3) *Maceriæ in Pertico* dans le polypt. de N.-D. de Chartres de 1300;
Illesiæ in Pertico, même document; *Fontenay-au-Perche :* hameau
détruit, commune d'Illiers, cité dans le même document.

(4) Introd. au dictionn. topog. d'Eure-et-Loir.

(5) Le passage du cartul. de Saint-Père, invoqué par M. Merlet, ne
nous semble pas indiquer d'une façon positive que Brou soit en Beauce;
le voici du reste : .... « *alodos quos habebat in Belsia sancto Petro reli-
quit, unum videlicet in Fontinidi villa, alterum in Marchesi-Villa, atque
juxta Braiaum unum prati arripennum.* » (Cartul. de Saint-Père, I,
244); en effet, cette phrase indique bien que les deux alleux cités sont en
Beauce, mais cela ne prouve pas que l'arpent de pré, voisin de Brou, ni
que Brou même soient dans cette région.

(6) L'abbé d'Expilly et quelques géographes ont séparé la ville d'Illiers
en deux sections : Saint-Jacques et Saint-Hilaire d'Illiers, du nom de ses
deux paroisses, dont l'une était en Beauce et l'autre en Perche. (Mém. de
la Soc. archéol. d'Eure-et-Loir, V, p. 404. — Notice sur Illiers.)

(7) Don à l'abbaye de Josaphat d'une dîme *in territoria de Oratorio in
Pertico*. Bib. nat. ms. lat. 5418, fᵒ 113.

mais de la région. Odolant-Desnos (1) nous apprend que saint
Laumer avait fondé un monastère au lieu qu'on croit être celui
où se trouve maintenant l'église de Belhomer : *in inferiori parte
agri Perticensis* (2). Nous voyons enfin placés dans la région du
Perche, par le carticulaire de Saint-Père : la Mancelière, la Puisaie (p. 249, 250), Morvilliers et les Châtelets (p. 138, 545) et le
village nommé actuellement Louvillier-lès-Perche (dictionnaire
topog. d'Eure-et-Loir), Louvilliers-les-Perches (carte d'état-
major), Louvilliers-lez-le-Perche (carte de Cassini), et appelé
Lovilla in Pertico dans le pouillé de 1250 environ, cité par le dictionn. topog. d'Eure-et-Loir; N. D. de Louvillier-au-Perche, par le
pouillé de 1736.

(1) Dissertation précédant ses Mémoires sur Alençon, p. LVI.
(2) Acta SS. Ord. S. Bened. Sect. I, p. 335, 338, 339.

CHAPITRE II

PREMIÈRES DIVISIONS CIVILES ET ECCLÉSIASTIQUES ÉTABLIES DANS LA RÉGION DU PERCHE

§ 1. Moyen de retrouver ces divisions. — § 2. Diocèse de Chartres. — § 3. Diocèse de Séez. — § 4. Diocèse du Mans. — § 5. Diocèse d'Évreux.

§ 1. Moyen de retrouver ces divisions.

La région du Perche étant plus accidentée et plus élevée que le pays environnant et n'étant traversée par aucun grand fleuve, conserva aussi plus longtemps la forêt qui la couvrait depuis le commencement du monde et servit, pendant des siècles, de marche ou de zone frontière aux territoires des peuples gaulois, des Carnutes et des Aulerces Essuins, Cenomans et peut-être Eburons, qui en possédaient chacun une partie ; elle fut de même partagée entre les 2e, 3e et 4e lyonnaises qui englobèrent chacun de ces peuples lors de l'organisation des dernières divisions administratives romaines.

Le meilleur guide que nous ayons pour l'étude de ces divisions est l'étude des diocèses et de leurs subdivisions en archidiaconés et doyennés, car, comme le dit très bien M. L. Duval (1), « ayant pour principe de n'apporter aucun trouble « inutile dans les habitudes des populations au milieu des- « quelles elle établissait son autorité, au moment même où « disparaissait l'administration romaine..., l'Eglise, presque par- « tout, adopta pour ses évêchés les circonscriptions des an- « ciennes *civitates*. Tandis que les divisions politiques, féodales, « étaient soumises à des variations fréquentes, les circonscrip- « tions ecclésiastiques, les diocèses, à part un petit nombre « d'exceptions connues, conservaient leurs anciennes limites « qu'elles ont gardées presque partout jusqu'à la Révolution.

(1) Essai sur la topographie ancienne du département de l'Orne, suivi du tableau de l'organisation relig. de son territoire avant la Révol., par L. Duval, archiviste du département de l'Orne. Alençon 1882.

« Les diocèses, on le sait, furent divisés, à l'époque carlovin-
« gienne, en un certain nombre d'archidiaconés et de doyennés,
« répondant plus ou moins exactement aux anciens *pagi* gaulois.
« Le rapport constaté entre les cités et les diocèses est, en effet,
« beaucoup moins constant entre les *pagi* et les *archidiaconés*...
« Ce qui est certain, c'est qu'il n'est pas possible de ne voir dans
« les archidiaconés que des divisions purement artificielles,
« comme nos départements et nos arrondissements, par exemple.
« Ces subdivisions du diocèse sont de véritables circonscriptions
« régionales qui peuvent fournir des indices précieux, non seule-
« ment pour les études historiques proprement dites, mais
« encore pour l'ethnologie et la philologie. »

§ 2. Diocèse de Chartres.

La partie la plus considérable de la région du Perche, c'est-à-
dire celle qui se trouve sur la rive gauche de la Commauche et
sur la même rive de l'Huisne depuis leur jonction, faisait partie
des *pagus Durocassinus, Carnotinus* et *Dunensis*, tous trois
compris dans la cité des Carnutes, à laquelle, de ce côté, correspondait exactement, d'après M. Merlet, l'ancien diocèse de
Chartres avant la création de l'évêché de Blois en 1697 (1);
MM. E. de Lépinois et Merlet (2) pensent « que l'ensemble de
l'*archidiaconé de Dreux* représentait assez exactement l'ancien
pagus dont il portait le nom, lequel absorbait une partie du Perche »..., qu' « entre le *grand archidiaconé* et l'ancien pagus chartrain existait une concordance réelle », et « que les limites nord
de l'*archidiaconé de Dunois* étaient à peu près celles du pagus ».

Mais tandis que nous voyons le pagus Corbonensis compris
entièrement dans le Perche, cette région forestière n'occupait
qu'une partie et non la totalité de chacun des pagus chartrains que
nous venons de citer et des archidiaconés qui les remplacèrent.
— Les localités du *pagus drocassinus* que nous trouvons placées
dans la région du Perche (3) appartiennent toutes au doyenné de

(1) Introd. au dictionn. topog. d'Eure-et-Loir, p. v.

(2) Introd. au cartul. de N.-D. de Chartres, p. LI et suiv.

(3) Boissy-le-Sec, la Mancelière, la Puisaie (cartul. de Saint-Père, p. 151,
249 et 250), Morvilliers et les Châtelets (id. p. 138, 545), Louvilliers-lez-
Perche (pouillé de 1250), Belhomert (Pitard, d'après les Acta SS.), Moutiers-au-Perche, nommé jadis Corbion (Rec. des hist. de Fr. VII, 284 E,
VIII, 445 B), Armentières (cartul. de Saint-Père, p. 539).

Brezolles de l'*archidiaconé de Dreux*, et M. Merlet place même là
en Beauce la pointe orientale de ce doyenné qui se dirige vers
Nonancourt. — Trois des doyennés du *Grand Archidiaconé*
nous intéressent : celui du Perche ou de Nogent était complètement formé de la région du Perche, dont il occupait à peu près
le centre ; la partie occidentale du doyenné de Courville, couverte
en partie par les forêts de Champrond et de Montécot, reliées par
des bois moins importants au grand massif de Senonches et de
la Ferté-Vidame, faisait certainement partie de la région du
Perche ; la partie occidentale du doyenné de Brou, placée sur la
rive droite du Loir et dont nous trouvons les localités de la
Croix-du-Perche, Luigny, Mezières-au-Perche, Illiers, Fontenay-
au-Perche (1) placées dans la région du Perche, devait lui appartenir, comme nous l'avons dit plus haut.

L'archidiaconé de Dunois comprend deux doyennés : celui du
Perche ou de Dunois-au-Perche, et celui de Beauce (ou de Châteaudun . Il nous semble évident que le premier, où se trouvent
Saint-Avit-au-Perche et l'abbaye de Saint-Avit voir plus haut
p. 10, 11, et 12 contient toute la partie de l'archidiaconé de
Dunois formée de la région forestière du Perche, tandis que
le second correspond à la portion qui s'étendait en Beauce.

§ 3. Diocèse de Séez.

La partie ouest et nord-ouest de la forêt du Perche, comprise
entre la Sarthe, la Commauche et l'Huisne, appartenant au territoire des Essuins, fit partie de la seconde Lyonnaise et forma la
centena ou *vicaria Corbonensis* du *pagus* Oximensis et l'*archidiaconé de Corbon*, dans le diocèse de Séez, qui correspondait à ce
pagus ; c'est du moins l'opinion d'Odolant-Desnos dissertation
précédant les Mém. hist. sur Alençon et d'A. Le Prévost (Mém.
sur les anc. div. terr. de la Norm.). B. Guérard établit dans les
prolégomènes du polyptique d'Irminon, par de nombreuses cita-
tions tirées du polyptique, que les limites du *pagus Oximensis*
concordaient de ce côté avec celles du diocèse de Séez. Il nous
apprend également que la centaine de Corbon reçut bientôt après
Irminon le titre de pagus et forma le pays nommé le Corbonnais.
Dès l'année 853, il est mentionné sous le nom de *Corbonisus* au
nombre des pays où Charles-le-Chauve envoya des missi domi-

____

(1) Introd. au dictionn. topog. d'Eure-et-Loir, p. XII.

nici (1 . Le territoire dont il était composé avait donc cessé dès cette époque d'être un canton subordonné et formait un nouveau pagus, définitivement séparé du pagus d'Hiesmois dont il dépendait auparavant; il est appelé *pagus corbonensis* ou *territorium corbonense* aux IXe et Xe siècles. Dans le XIIe, Orderic Vital, après l'avoir désigné sous ce premier nom, le désigne sous celui de *Corbonia* (2). Un diplôme de Charles-le-Chauve en faveur de l'abbaye de Corbion lui donne le titre de comté en 860 ou 861 (3). Odolant-Desnos (4) affirme, après le comte de Boulainvilliers (5), que « le duché de France s'étendait depuis la Loire jusqu'à la Seine, il comprenait le comté de Paris, l'Orléanais, le pays Chartrain, le Perche (6), le comté de Blois, la Touraine, une partie de la Neustrie : ainsi les comtes et seigneurs de ces différents pays relevaient du duché de France. » Il ajoute que Charles-le-Chauve, de l'avis des États Généraux de son royaume assemblés à Compiègne, l'an 861, donna ce gouvernement à Robert-le-Fort.

Adrien de Valois (7) fait une citation qui vient confirmer cette assertion; il y est question d'une charte rédigée par l'ordre du duc de France, Hugues-le-Grand, petit-fils de Robert-le-Fort, au sujet de la vente d'un alleu sis dans le Corbonnais et corroborée par le comte dudit territoire.

Hugues-Capet, fils d'Hugues-le-Grand et duc de France, étant devenu roi de France en 987, et les liens féodaux tendant dès lors à devenir immuables, le comte du Corbonnais, vassal du duc de France, se trouva vassal immédiat du roi de France.

D'après A. Le Prevost (8) et L. Duval (9), l'archidiaconé de Bellême, qui comprenait les doyennés de Bellême et de la Per-

(1) Capitul. a. 853, dans Baluze, t. II, col. 69.

(2) Hist. III, dans le Rec. des hist. des G. et de la Fr., t. XI. p. 229; hist. XIII, ibid., t. XII, p. 747 c.

(3) *Item in pago Oximense, et Epicense et Corbonisse villa Nugantus et Suriacus atque Auriniacus cum omnibus possessionibus in præscriptis comitatibus ad præfatum monasterium pertinentibus.* (Rec. des hist. des G. et de la Fr. VIII, 565 A).

(4) Dissert. précéd. les Mém. hist. sur Alençon, p. XLI.

(5) Hist. de l'ancien gouvernement de la France, éd. 1727, t. I, p. 159, 160, 163.

(6) Cela peut être vrai en entendant par Perche le comté de Corbonnais, qui ne fut appelé comté du Perche que vers la fin du XIe siècle.

(7) Notitia Gall. p. 159 : « *Miles Giruardus in Corbionensi territorio quemdam alodum emisse ab Anoberto dicitur, unde charta facta est a duce Hugone (magno) atque a comite præfati territorii Corbonensis corroborata.* »

(8) Anc. divis. territ. de la Norm. p. 58.

(9) Essai sur la topog. anc. du département de l'Orne, p. 5.

rière, n'est qu'un démembrement postérieur au xe siècle de l'archidiaconé de Corbon ; M. le Prevost pense que cet archidiaconé, qui ne saurait remonter plus haut que le xiie siècle, remplaça un prétendu *pagus Belismensis* qui n'a jamais existé dans l'acception rigoureuse de ce mot (1) et dont il cite des mentions extraites de documents de 1023 (2) et de 1127 (3) ; nous avons vu ce pagus cité dans un passage de Guillaume de Jumièges, reproduit dans la généalogie des seigneurs de Bellême publiée par Labbe (4), et dans une bulle d'Innocent III, pour le chapitre de Séez, du 8 des Kal. de juin 1199 (5). Nous partageons d'autant plus l'opinion d'A. le Prevost, que nous voyons Yves de Bellême, dans la charte de fondation de Saint-Santin (6), placer dans le *pagus Oximensis* les églises de Saint-Martin-du-Vieux-Bellême, de Dancé et de Berd'huis, qui sont au centre de l'archidiaconé de Bellême, ce qui prouve que du temps d'Yves de Bellême (mort en 997, d'après l'Art de vérifier les dates), le *Belismensis pagus* n'existait pas encore.

§ 4. Diocèse du Mans.

Quelques paroisses (7) de la province du Perche, les unes lui formant une lisière et une pointe au sud-ouest (8), les autres

(1) M. Jacobs, dans le travail géographique qui suit son édition de Grégoire de Tours, fait remarquer (II, p. 287) en en citant de nombreux exemples, que le mot pagus estappliqué tantôt à des bourgs et à des localités infimes (*vici, villa, domus*), tantôt à un territoire moindre qu'une cité, mais d'une étendue assez considérable, correspondant à l'ancien pagus celtique, tantôt à la cité, tantôt à une contrée quelconque.

(2) Donation de Damemarie à Jumièges par l'abbé Albert. Arch. de la Seine-Inférieure, publiée par Bry, p. 51.

(3) Charte de Jean, évêque de Séez... *in pago Belismensi*, cart. maj. mon. II, p. 338 ; et document de la même époque relatif à l'église du Pin... *in castri Bellissimi pago*, ibid. II, p. 301.

(4) *Hanc Mabiliam Rogerius comes, filius Hugonis de Monte-Gummerici, accepit in uxorem cum tota hereditate patris ipsius, quam habebat sive in Bellismensi pago, sire Seimensi ultra fluvium Sartæ* (G. de Jumièges ; Rec. des hist. des G. et de la Fr. XI, p. 57). *Mabilia quam Rogerius de Montegomerici cum tota hereditate sua quam sive in Belismensi pago, seu Suenensi ultra fluvium Sarthæ habebat duxit in uxorem.*

(5) Gall. Christ., t. XI, instr. 169.

(6) Citée par Bry, p. 34, d'après le cartul. de Marmoutiers ; B. Guérard dit qu'une copie de cet acte, conservée au dépôt des chartes de la bib. roy., est datée de 1020.

(7) La première phrase de l'article des comtes du Perche dans l'art de vérifier les dates (t. XIII) est donc passablement exagérée : « *Le Perche, anciennement habité par les Aulerci Cenomanni, est une petite province,* etc. »

(8) Bellou-le-Trichart p, Pouvrai, Ceton, Théligny p, Saint-Jean-des-

complètement enclavées dans le comté et la province du
Maine (1), firent partie jusqu'à la Révolution de l'archidiaconé
de Montfort, dans le diocèse du Mans ; on peut en conclure avec
une quasi certitude qu'elles avaient appartenu aux Aulerques-
Cénomans, et avaient été comprises dans la 4e Lyonnaise et dans
le pagus Cenomanicus. Mais faisaient-elles partie des possessions
d'Yves de Bellême dans le Maine, furent-elles conquises par son
fils ou seulement par Robert II Talvas pour être réunies au Bellêmois, puis au comté du Perche? Nous n'avons pu trouver
aucune indication sur ce point.

Ce qui est digne de remarque, c'est qu'aucune de ces paroisses
ne faisait partie du Sonnois (2) que plusieurs auteurs ont placé à
tort dans le Perche.

Le *Sonnois* est indiqué dans l'Art de vérifier les dates XIII,
p. 172 comme un « canton du Perche », cette affirmation aurait
besoin d'être expliquée et restreinte pour être vraie ; il est possible,
en effet, quoique nous n'en connaissions aucune preuve, que la
région forestière du Perche se soit étendue sur *quelques paroisses*
du Sonnois, mais nous croyons que cette région ne pouvait comprendre tout le Sonnois qui s'étendait d'un côté jusqu'à Alençon,
dont il n'était séparé que par la Sarthe, et d'un autre côté jusqu'aux environs du Mans; car, dans tout cet immense territoire,
nous n'avons jamais trouvé aucun nom de lieu ancien, ni moderne, ayant gardé une empreinte de sa situation dans le Perche
ou placé par un document quelconque dans cette région. Si,
maintenant, nous prenons le mot Perche au point de vue des
divisions administratives et féodales, il est certain que jamais le
Sonnois n'a fait partie du comté du Perche, mais des comté et
province du Maine, comme du diocèse du Mans.

En effet, il est dit dans l'Art de vérifier les dates (XIII, p. 143)
que Guillaume Ier de Bellême, fils d'Yves Ier, eut de fréquentes
guerres avec Herbert Éveille-Chien, comte du Maine, dont il était le
vassal pour le Sonnois; plus tard, nous voyons, le 13 août 1465,
le duc d'Alençon reçu en foy et hommage pour raison... de la
baronnie de Sonnois, tenue en fief de la tour d'Orbandelle, sise au
château du Mans (3). Les éditeurs du cartulaire de Perseigne ont

Echelles p, Champrond, les ressorts de Saint-Cosme-de-Vert, de Nogent-
le-Bernard, de Préval ou la Chapelle-Gastineau, d'Avezé p.

(1) Saint-Denis-des-Coudrais p, la Chapelle-Saint-Rémy p, Dollon p.

(2) Ce qui le prouve, c'est 1o qu'aucune de ces paroisses ou portions de
paroisses ne faisait partie du doyenné ni même de l'archidiaconé du
Sonnois, dont les plus septentrionales étaient cependant voisines, et 2o que
Guillaume de Bellême étant rentré en possession du Sonnois qui avait été
enlevé ainsi que Bellême à Robert Talvas, son père; il n'est pas probable
qu'il y ait eu quelques paroisses exceptées de cette restitution.

(3) Le Sonnois était une *condita* du *pagus Cenomanicus* (D. Mabillon,

Types Percherons

Le père Bois, facteur des bois à Gevraise vers 1850.

Dessin de Madame la Marquise de Cherville.

donné depuis Yves Ier de Bellême la suite des barons du Sonnois :
il appartint aux maisons : de Bellême, de Montgommery, de Châtellerault, d'Harcourt, de Chamaillart, de France-Alençon, de
France-Bourbon et se trouvait dans le patrimoine de Henri IV.

§ 5. Diocèse d'Évreux.

Nous lisons dans les *Antiquités et Chroniques percheronnes* de
l'abbé Fret (t. I, p. 75) que « 19 paroisses du Perche [qu'il ne
nomme pas], situées au nord-est de ce pays et dont la plus
considérable est Chennebrun, à l'ouest de Verneuil, ont toujours
dépendu de l'évêché d'Évreux »; or, ni la province ni le comté du
Perche ne se sont étendus dans le diocèse d'Évreux ; ce territoire,
situé entre l'Avre et l'Iton, faisait certainement partie de la
Normandie, nous en avons la preuve dans la désignation qu'en
fait Jean-sans-Terre en le cédant à Philippe-Auguste en 1194 (1).
Le mot Perche ne peut donc être pris, dans ce passage de l'abbé
Fret, que dans le sens de contrée ; mais nous n'avons trouvé aucun
document qui confirme cette assertion et dans l'introduction au
dictionnaire topographique du département de l'Eure, il n'est pas
fait mention du Perche parmi les régions comprises dans ce département.

vetera analecta, p. 265) sous les Mérovingiens ; du temps d'Yves Ier, de
Bellême, c'était une vicaria du même pagus (charte de Marmoutiers, pub.
par Bry, p. 34); au point de vue religieux, le Sonnois formait un doyenné
du diocèse du Mans compris dans le grand-archidiaconé ou archidiaconé du
Sonnois. — Voy. pour le Sonnois et le diocèse du Mans : Pesche, dictionnaire statistique de la Sarthe; et Cauvin, géographie ancienne du diocèse
du Mans.

(1) B. N. ms. fr. 24132 (G. Lainé, IX), p. 439.

(2) « ... *Pretera rex Francie debet habere.... totam illam partem Nor-
mannie que est citra fluvium qui dicitur Itum sicut idem fluvius currit
usque ad Chesnebrun, cum ipso Chesnebrun, et eum pertinenciis suis et
castellum Vernolii...* » Paris, 1193-94, janvier. Litteræ Johannis comitis
Morethonii fratris Richardi regis Angliæ de conventionibus inter se et
Philippum regem Francie initis. Layettes du Trésor des Chartes, par
M. Teulet, I, p. 175.

CHAPITRE III

EXAMEN DE QUELQUES QUESTIONS CONTROVERSÉES

§ 1. *Du Pagus Perticus.* — § 2. *De quelques comtes du Perche qui n'ont jamais existé.* — § 3. *Du Pagus Theodemerensis.*

§ 1. Du Pagus Perticus.

Avant d'aborder l'étude des fiefs qui s'établirent dans la région qui nous occupe, nous avons à examiner une question très controversée : y a-t-il eu ou n'y a-t-il jamais eu de *Pagus Perticus*, et quel sens faut-il donner à cette expression dans l'explication des textes où elle se trouve? D'un côté nous voyons le Pagus Perticus ou Perticensis mentionné dans le bréviaire de Séez au sujet de l'apostolat de saint Latuin au commencement du vᵉ siècle (1); Grégoire de Tours nous apprend que saint Avit, mort en 558 d'après les acta Sanctorum, dirigeait une abbaye du « *Carnotensis pagi quem Pertensem vocant* » (2); les Bénédictins en ont conclu que le Perche était réellement une division administrative sous les premières races de nos rois, nous lisons en effet dans l'Art de vérifier les dates à l'article des Comtes du Perche (p. 172) : « Dès le temps de Grégoire de Tours, il (le Perche) portait le nom de pagus Pertensis ou Perticensis », et dans le Recueil des historiens des Gaules et de la France (t. III, p. 489 n) : « *Silva Pertica seu saltus Perticus pago Pertico nomen dedit* ». B. Guérard a également suivi cette opinion : « On refuserait difficilement, dit-il, le titre de pagi au Perche et à la Beauce, bien qu'aucun d'eux ne soit renfermé dans les limites exactes d'un seul diocèse, et que chacun d'eux au contraire se soit étendu sur

---

(1) *Latuinus christianam fidem per pagos Oximensem, Epicensem, et Perticensem magno labore nec minori successu propagasse traditur.* (Breviar. Sag. p. hyem., cité par O. Desnos, dissert., p. LV).

(2) *Avitus abbas Carnotensis pagi quem Pertensem vocant.* De gloria Confessorum, 99; ce passage a été reproduit par les Bollandistes (Acta S. S., 17 juin, p. 350, 360).

plusieurs diocèses à la fois (1). » M. Merlet s'exprime ainsi dans l'introduction au dictionnaire topog. d'Eure-et-Loir (p. 11) : « Le *pagus Perticus*, ce pays venu après les autres, a envahi en tant que pagus les bornes des pagi limitrophes », et M. Duval (2) nous dit que « l'expression de *saltus Perticus*, d'où cette province a tiré son nom, ne doit pas être prise à la lettre »,.... et plus loin : « le Perche formait alors (sous Agombert, c'est-à-dire au milieu du Xe siècle) une *véritable division territoriale, un pagus* et non une région inhabitée ». M. Maury (3) partage cette opinion et ajoute que « le *pagus Perticus* embrassa un espace plus étendu que la *sylva pertica.* »

Après avoir trouvé des défenseurs convaincus du *pagus Perticensis,* nous voyons que d'autres auteurs ne sont pas moins positifs dans un sens contraire : « quoiqu'en ait dit une tradition de l'église de Séez..... il n'y a jamais eu de véritable *pagus Perticus.* Lorsque Grégoire de Tours a parlé du *Carnotenus pagus quem Pertensem vocant,* c'est visiblement, ce nous semble, dans le sens de contrée, canton, qu'il a employé ce mot 4 . » Nous croyons très juste l'opinion de A. le Prevost relative à cette citation ; car M. Jacobs, dans l'étude géographique qui suit son édition de Grégoire de Tours, fait remarquer (II, p. 287 , en citant de nombreux exemples, que le mot *pagus* est appliqué par cet écrivain tantôt à des bourgs et à des localités infimes (vici, villæ, domus), tantôt à un territoire moindre qu'une cité, mais d'une étendue assez considérable, correspondant à l'ancien pagus celtique, tantôt à la cité, tantôt à une contrée quelconque. MM. de Lépinois et Merlet dans l'introduction au cartulaire de N.-D. de Chartres s'expriment ainsi (p. LVI) : « nous ne saurions accorder à la Beauce et au Perche le titre civil et administratif de pagus, quoique M. Guérard leur ait donné à juste titre une place parmi les divisions territoriales de la cité chartraine sous les Francs. Nous pensons que dans les temps anciens ces régions qui devinrent des provinces ne formaient pas de juridictions particulières ; » et p. LVII, note 2 : « Grégoire de Tours a écrit..., etc..., cela signifie : *la fraction du pagus chartrain que l'on appelle le Perche.* »

Appelé à nous prononcer entre de semblables autorités, nous tâcherons, pour répondre à la question, de la préciser comme

(1) Proleg. au cartul. de Saint-Père de Chartres, p. 7.

(2) Essai sur la topographie ancienne du département de l'Orne, p. 1.

(3) Les forêts de la Gaule, p. 297 : « *défrichée sur une assez grande surface, la sylva pertica ou saltus perticus donna naissance comme bien d'autres forêts à un pagus qui en prit le nom : le Perche.* »

(4) A. le Prevost : anc. div. territ. de la Norm., dans le bull. de la Soc. des antiq. de Norm., XI. p. 57.

temps et comme lieu et de voir *où* et *quand* il a pu exister un
Pagus Perticus — Nous exclurons d'abord sans hésiter toute la
partie nord-ouest de la région du Perche, qui appartenait au
diocèse de Séez, puisque tous les auteurs, s'appuyant sur des
preuves incontestables, sont unanimes pour la placer dans le
pagus Oximensis dont elle formait une centenie du temps de
l'abbé Irminon et dont elle était démembrée avant 853 pour
former un *pagus Corbonisus* ou *Corbonensis*, nom qu'elle portait
du IXe au XIIe siècle. Si on admet que le Pagus Perticus ne pouvait comprendre le Corbonnais, on doit ne plus attacher d'impor-
tance (pour la solution de la question que nous examinons) au
passage du bréviaire de Séez, qui mentionne l'apostolat de saint
Latuin dans le *pagus Pertisensis*, et penser que saint Latuin,
n'ayant dû évangéliser que le Corbonnais, qui fit partie de son
diocèse, et non le reste de la région du Perche qui était et resta
du diocèse de Chartres, le bréviaire de Séez ne fut rédigé que
lorsque le Corbonnais faisait partie du comté du Perche, c'est-à-
dire au plus tôt au XIIe siècle. — Nous exclurons également la
partie nord-est qui faisait partie de l'*archidiaconé de Dreux*, car
elle appartenait entièrement au *pagus Drocassinus* où nous voyons
placés: Armentières-sur-Avre (1), Crucey, au midi de Brezolles 2,
Corbion, aujourd'hui Moutiers-au-Perche (3), et Belhomert (4),
localités situées aux quatre coins de la partie percheronne du
doyenné de Brezolles, et comme les dates des documents qui les
mentionnent embrassent la période comprise entre les années 843
et 1079, on ne peut guère admettre que cette partie de la région
du Perche ait jamais fait partie d'un *pagus Perticus*.

Reste la portion du Perche comprise dans le grand archidiaconé
et dans l'archidiaconé de Dunois; B. Guérard, qui semble cependant croire à l'existence du *pagus Perticus*, rend bien difficile de
trouver une région où le placer, dans le passage de ses prolégomènes relatif au *pagus Carnotinus* « le pays chartrain *pagus
Carnotinus* comprenait alors sous Charlemagne presque tout
le grand archidiaconé du diocèse de Chartres. En effet, parmi
les lieux que les documents contemporains y placent, nous
distinguons :... Alluye, *Aralloeius* Greg. tur. hist. IV, 50, Bethon-
villiers, *Bertoni-Villaris* Cartul. de Saint-Père), Condé-sur-
Huisne, *Condaeus* D. Bouquet VIII, 564 D; a 861. On doit

(1) « *Terra in pago Drocassino in villa nostra que vocatur Ermen-
terias* ». Charta Arnulfi. 1013-1055 dans le cartul. de Saint-Père, p. 539.
(2) « *In territorio Dorcassini castri, in loco scilicet qui vocatur Cru-
ciacus* ». Charta Huberti. 1059-1079, cartul. de Saint-Père, p. 133.
(3) Rec. des hist. des G. VII, 234 E, dipl. Car. C. a. 843; ibid. VIII,
445 B.; 564 a. 861.
(4) Cartulaire de Saint-Père, p. 85, a. 988.

conclure de ces données que l'ancien pays chartrain renfermait
les doyennés... de Brou, de Courville et du Perche. » Voici ce que
nous lisons dans l'introduction au Cartul. de N.-D. de Chartres :
« Jusqu'à quel point cet achidiaconé (celui de Dunois) répondait-
il à l'ancien pagus Dunois, c'est ce que l'absence de documents
ne permet pas de résoudre parfaitement. Nous savons seulement
que les limites nord de l'archidiaconé étaient à peu près celles du
pagus..... A l'ouest nous n'avons à citer que Boisméan (1),
paroisse de Chapelle-Royale, et le Boisseau (2), paroisse d'Arrou,
comme appartenant au pagus de Dunois; mais la situation en
plein Perche-Gouet de ces villages autorise à supposer que les
autres paroisses percheronnes de l'archidiaconé faisaient également partie du pagus. »

Outre les preuves positives que nous avons que la région
du Perche était partagée entre plusieurs pagus, dont aucun
ne portait le nom de *pagus Perticensis,* la non-existence de ce
pagus est confirmée, au moins pour le milieu du IX° siècle, par
une preuve négative : nous voyons en effet des *missi dominici*
envoyés en 853 dans tous les pagus, qui se partageaient la région
du Perche ou lui étaient contigus, et le *pagus Perticensis* n'est
point mentionné dans cette liste (3).

Les partisans du *pagus Perticus* pourraient dire comme dernière
ressource qu'une partie du *pagus Carnotinus* et peut-être du *pagus
Dunensis* en fut démembrée après Charlemagne pour former un
pagus Perticus d'éphémère durée, mais il n'est mentionné que
dans deux textes, l'un du VI° siècle, l'autre se rapportant au V°,
époques où ce pagus n'existait certainement pas.

Nous croyons donc pouvoir conclure sans hésitation de ce qui
précède que les mots « *pagus Perticus ou Perticensis* » désignent
non un district politique ou administratif mais simplement une
région sans limites bien précises correspondant à l'ancienne
forêt du Perche.

§ 2. De quelques comtes du Perche qui n'ont jamais existé.

La mention faite par plusieurs auteurs de comtes du Perche
qui auraient existé aux IX° et X° siècles semble confirmer l'exis-

(1) Cartul. de Saint-Père, p. 74.

(2) Id., p. 96. Ce titre est antérieur à 1021 et place cette localité, non
dans le *pagus,* mais dans le *comitatus Dunensis.*

(3) *Dodo episcopus, Hrothertus et Osbertus missi in Cinomannico,*

tence d'un pagus gouverné héréditairement ou non par ces
personnages; mais il est facile de se convaincre qu'aucun d'eux
n'était comte du Perche. Bry et plusieurs auteurs après lui (1)
nous apprennent, d'après le moine Aimoin (de gest. Franc. l. V,
cap. 16 et la vie de Louis-le-Pieux, qu'*Agombert ou Albert* comte
du Perche qui avait suivi Lothaire en Italie y mourut de la peste;
mais il est nommé en latin *comes Pertensis*, ce qui doit incontestablement se traduire non par comte du Perche, mais par comte
du *Pertois*, pays situé sur les bords de la Marne; nous voyons,
en effet, en 853, des missi envoyés dans le Pertois (2) et non dans
le Perche qui n'était certainement pas alors un pagus.

D'après Piganiol de la Force (cité par les auteurs percherons),
un comte du Perche nommé *Hervé* (Henri selon d'autres) fonda
en 879 la chapelle Saint-Nicolas en l'église de Chartres, mais cet
Hervé est évidemment le même personnage qu'Hervé, comte de
Mortagne, cité dans le Cartul. de Saint-Père (p. 199) comme
témoin d'une charte du 7 des calendes de juillet, la première
année du règne de Clotaire (25 juin 954).

Un des manuscrits de Bart (3) mentionne un Charles, comte du
Perche, qui aurait fait une fondation à N.-D. de Chartres, mais
nous n'en avons trouvé trace nulle part.

Enfin M. des Murs (p. 93 et l'abbé Fret (t. II, p. 106) nomment
comme troisième comte du Perche et successeur de cet Hervé,
un *Etienne*, que mentionne aussi comme comte du Perche une
notice manuscrite sur le Perche: « à Hervé succéda Etienne Ier
qui fonda en ladite église (de Chartres un anniversaire dont il
assigna la rétribution sous son nom à Nonvilliers » (4). Or nous
trouvons, dans le polyptique de N.-D. de Chartres rédigé en 1300,
la mention de 50 sous de rente annuelle sur la prévôté de Nonvilliers pour l'anniversaire d'Etienne, comte du Perche (5); mais

*Andegavensi, atque Turonico, Corboniso et Sagiso. Burcardus episcopus
et Hrodulfus et Heinricus abba missi in Blesiso, Aurelianensi, Vindus-
niso, Carentino, Durcasino, Daniso, Ebricino,* etc. (Rec. des hist. des G.
et de la Fr., VII, p. 616.)

(1) Art de vérifier les dates, à l'art. comtes du Perche, t. XIII; O. des
murs, L. Duval.

(2) *Anno 853 Missi dominici in pago Pertiso, Barriso,* etc. (Rec. des
hist. des G. et de la Fr., VII, 616). *Portense seu pagus Portensis seu
Pertensis,* le Pertois, *ab oppidulo ejusdem nominis adjacente flumini
Matronæ appellationem traxit* (id. VII, p. 111 n.

(3) Éd. de M. H. Tournoüer, dans notre 1er fascicule, p. 14, note 3.

(4) Bib. de l'Arsenal, ms. 3916, f° 8.

(5) *Apud Longum Villare prope Castellia prope metas prebende San-
darville habet capitulum 50 sol. annui et perpetui redditus super per-
posituram loci, per prepositum et debent reddi apud Carnotum et pertinent anniversario Stephani comitis Perticensis.* (Cartulaire de N.-D. de

ce qui prouve que cet Etienne ne vivait pas au IXe, ni même au Xe, c'est un passage du nécrologe de N.-D. de Chartres, qui nous apprend qu'Etienne du Perche, chevalier, assigna pour faire célébrer son anniversaire 50 sous chartrains de rente annuelle sur ses revenus de Nonvilliers (1); or Etienne du Perche est identifié par les éditeurs du Cartulaire avec le frère de Geoffroy, comte du Perche, Etienne créé duc de Philadelphie et mort à Andrinople en 1205 (2). Le Gallia Christiana contient une mention qui doit être relative au même fait (3).

Pendant les deux siècles suivants, nous ne voyons aucun personnage se qualifier comte du Perche. Wace dans son roman de Rou, cité par M. O. des Murs (p. 98), parlant de la guerre soutenue par Richard Ier, duc de Normandie, contre Geoffroy Grisegonelle, comte d'Anjou, et Thibaut-le-Vieux, comte de Blois et Chartres, pendant la seconde moitié du Xe siècle, mentionne parmi les ennemis du duc : « *Rotrou li cuens du Perche* »; mais il faut remarquer que Wace, mort à la fin du XIIe siècle (4), était contemporain de Rotrou III et de Rotrou IV, réellement comtes du Perche, et non de leur ancêtre Rotrou, seigneur de Nogent, qui vivait au Xe siècle et auquel il attribua tout naturellement un titre que ce personnage n'avait jamais porté de son vivant.

Le trouvère Benoît (5) le nomme simplement Rotrou, « *Rotrou et cil de Corbuneis* ».

Hugues de Fleury (6), plus digne de foi que Wace puisqu'il

Chartres, publié sous les auspices de la Soc. arch. d'Eure-et-Loir par MM. E. de Lépinois et Merlet, t. II, p. 369.)

(1) *XV kal. maii* (17 avril). *Et Stephanus de Pertico, miles, qui pro anniversario suo in hac ecclesia annuatim celebrando, quinquaginta solidos Carnotensis monete assignavit in reddilu de Longovillari.* (Necrologium B. M. Carnotensis; dans le même cartul. III, 91.)

(2) Etienne du Perche, créé duc de Philadelphie par l'empereur Beaudouin après la prise de Constantinople par les croisés (avril 1204) et mort à la funeste journée d'Andrinople en 1205, aux côtés du comte Louis de Chartres. Le nécrologe donne son obit sous la date du 15 des calendes de mai.

(3) *(Reginaldus) presens fuit anniversario a Stephano de Pertico milite in ecclesia Carnotensi instituto mense junio 1211.* Gallia chr. VIII, 1155 c. Si la date de 1211 est exacte, ce passage ne pourrait se rapporter à Etienne, duc de Philadelphie, mort en 1205; mais il a pu y avoir une faute de lecture ou d'impression, ayant substitué 1211 à 1201 ou à MCCII, par exemple.

(4) Wace mourut en Angleterre vers 1184, d'après le dict. de biographie de Weiss; son Roman de Rou est donc postérieur d'environ deux siècles à l'épisode militaire placé par Fret (II, p. 115) en 968, et par M. des Murs (p. 97) de 961 à 963.

(5) Cité par M. des Murs, p. 98.

(6) Ibid., p. 99.

était moins éloigné de ces événements, étant mort peu après 1149,
ne le nomme également que Rotrou.

§ 3. Du Pagus Theodemerensis.

Quant au *Pagus Theodemerensis*, nous croyons devoir commencer par reproduire ce passage de l'introduction du cartulaire de N.-D. de Chartres, p. LV : « Le Thimerais est qualifié *pagus* dans une charte du prieuré de Saint-Martin-de-Chamars de 1035. Mais nous ne pensons pas que cette expression signifie autre chose que le territoire du château de Thimert, subdivision, si l'on veut, d'un pagus plus important. En effet, d'un côté, cette forteresse était située dans le pagus chartrain, suivant la charte de Marmoutiers de 1059 que nous avons déjà citée, et de l'autre, Levasville-Saint-Sauveur, paroisse du centre du Thimerais, appartenait en 988 au territoire de Dreux. Le Thimerais, divisé aux Xᵉ et XIᵉ siècles entre deux pagi majeurs, ne pouvait former en même temps un troisième district administratif indépendant des deux autres ». Nous ajouterons que le *pagus Theodemerensis* n'est pas plus compris que le *pagus Perticensis* dans la liste des pagi visités en 853 ; et que deux siècles plus tard, lors de la première mention que nous en trouvons en 1035, ce territoire, qui n'était qu'une portion du pays chartrain, ne devait pas être plus ancien comme formation que le château de Thimert que la charte de 1059 nous dit construit depuis peu (1) ; il devait correspondre à ce qui composa pendant tout le moyen-âge la baronnie de Châteauneuf-en-Thimerais.

(1) Post donationem Tetbaldi comitis Turon. Factam Majori Monasterio, legitur in chartulario ejusdem monasterii fol. 45 : *Hæc omnia... francorum rex Henricus firmavit, eo videlicet anno, quo filium suum regem fecit ordinari Philippum, paucis ante illam ordinationem diebus ; tunc scilicet quando obsidebat Castrum Theodemerense nuncupatum in pago Carnoteno noviter a quodam Guazone Constructum.* (Theodemerense castrum Thimer nostris vocatum nomen dedit pago cuidam exiguo, cujus caput nunc est Castrum novum in Theodemerensi, Châteauneuf-en-Thimerais. Valesius not. gall., p. 551). Rec. des hist de Fr., XI, 602 n.

TABLEAU SYNOPTIQUE DE LA FORMATION DU COMTÉ DU PERCHE

Vicomté de Châteaudun	Seigneurie de Nogent-le-Rotrou	Comté de Mortagne	Seigneurie de Bellême
HUGUES Ier 2e Vicomte de Châteaudun, 963 ép. HILDEGARDE, 985	ROTROU Ier Seigneur de Nogent, 955-78	HERVÉ 1er Comte de Mortagne, 954 ?	YVES DE CREIL 1er Seign. de Bellême et d'Alençon, 940, ✝ 997 ép. GODEHILDE
HUGUES II 3e vicomte de Châteaudun Archevêque de Tours en 1005	GEOFFROY II 2e Seigneur de Nogent par sa femme ✝ avant 1005 — ép. : MILESENDE dame de Nogent-le-Rotr.	FULCOIS 2e Comte de Mortagne ✝ après 1031	GUILLAUME Talvas 2e Seign. de Bellême et d'Alençon, 997, ✝ 1028
			GUÉRIN de Bellême Seigneur de Domfront ROBERT 3e Seigneur de Bellême, 1028 et d'Alençon ✝ 1031 GUILL. II Talvas 4e Seigneur de Bellême et d'Alençon 1031 YVES Évêque de Séez 6e Seigneur de Bellême, 1048 et d'Alençon ✝ 1070
GEOFFROY III 4e Vicomte de Châteaudun, 1005, et 3e Seigneur de Nogent-le-Rotrou; 3e Comte de Mortagne par sa femme ; ✝ vers 1039 — ép. : ELVISE, dame du Comté de Mortagne			
HUGUES III 5e Vicomte de Châteaudun vers 1039, ✝ 1040 ép. ADÈLE.	ROTROU II 6e Vicomte de Châteaudun, 1040 ; 4e Seigneur de Nogent-le-Rotrou et 4e Comte de Mortagne, vers 1039 ; ✝ vers 1079 ép. ADÈLE, fille de GUÉRIN, de Domfront		ARNOUL 5e seigneur de Bellême et d'Alençon ✝ 1048 MABILLE ✝ 1082 7e dame de Bellême et d'Alençon ép. 1048 ROGER DE MONTGOMMERY, vicomte d'Exmes, comte de Shrewsbury et d'Arundel ; ✝ 1094
HUGUES IV *Capellus* 7e Vicomte de Châteaudun Tige des Vicomtes de Châteaudun	GEOFFROY IV 5e Seigneur de Nogent-le-Rotrou et 5e Comte de Mortagne, vers 1079 ; s'intitule le 1er Comte du Perche ; ✝ 1100 ép. BÉATRICE, fille du Comte DE ROUCY		ROBERT II Talvas 8e Seigneur de Bellême et d'Alençon, 1082 Comte de Shrewsbury et d'Arundel, 1098 emprisonné en 1112 ép. AGNÈS, fille du Comte DE PONTHIEU

ROTROU III le Grand
2e Comte du Perche, 1100, et 9e Seigneur de Bellême, 1113 ; ✝ 1144
ép. MAHAUT, fille d'HENRI Ier, Roi d'Angleterre

Nota. — Les noms placés sous une même accolade sont ceux des frères ou sœurs ; la pointe de l'accolade est placée sous les noms de leur père et mère. Le signe ✝ indique l'époque de la mort.

DEUXIÈME PARTIE

LA PROVINCE DU PERCHE

COMPRENANT

LE COMTÉ DU PERCHE, LA BARONNIE DE LONGNY
LES CHATELLENIES DE
LA MOTTE-D'IVERSAY ET DE MARCHAINVILLE

CHAPITRE Ier

FORMATION DU COMTÉ DU PERCHE
ET ORIGINES DE SES PREMIERS COMTES

§ 1. *Établissement de la féodalité.* — § 2. *Rotrou I, seigneur de Nogent.*
— § 3. *Geoffroy II, vicomte de Châteaudun, seigneur de Nogent.* —
4. *Hervé et Fulcoïs, comtes de Mortagne; Geoffroy III, comte de*
Mortagne, vicomte de Châteaudun et seigneur de Nogent. — § 5. *Hu-*
gues III, vicomte de Châteaudun. — § 6. *Rotrou II, comte de Morta-*
gne, vicomte de Châteaudun et seigneur de Nogent.

§ 1. Établissement de la féodalité.

Nous avons vu qu'il est à peu près évident qu'il n'a jamais
existé de *pagus perticensis* et que la région forestière du Perche
se trouvait morcelée entre plusieurs pagi et entre plusieurs archidiaconés : ce fait eut forcément une influence sur la formation des
grands-fiefs qui s'y établirent à la fin du xe siècle et nous expli-

que la mouvance de chacun d'eux, c'est-à-dire la place qu'il occupait dans la hiérarchie féodale.

Nous n'avons pas ici le loisir d'étudier même rapidement l'origine et les causes de la féodalité ni de rechercher quel est le meilleur des nombreux systèmes proposés sur cette question; nous indiquerons seulement comment, suivant les circonstances, les États féodaux correspondirent ou non comme limites aux divisions administratives dont ils occupaient le territoire, et nous en citerons quelques cas :

1er cas: le comté administratif ou pagus devient un comté féodal et le comte devenu héréditaire est le seigneur ou suzerain de tous ses administrés qui deviennent ses vassaux ou arrière vassaux. Les comtes chargés d'administrer les pagus ayant, au Xe siècle, par un consentement exprès ou tacite du roi et des habitants du pagus, transmis à leurs enfants comme un héritage la part du pouvoir souverain dont ils n'étaient d'abord que détenteurs précaires, puis viagers, les limites du territoire qu'ils gouvernaient restèrent quelquefois les mêmes; ces comtes devenus héréditaires *inféodèrent*, également à titre héréditaire, diverses parties de leurs comtés (c'est-à-dire qu'ils transmirent une part de leur pouvoir souverain sur tel ou tel territoire déterminé), soit à un frère puîné, soit à un compagnon d'armes), leur homme ou *baron* (1), leur lieutenant ou *vicomte*, moyennant l'obligation de défendre la personne et les biens du frère aîné, ou du maître (*senior, dominus)* dont ils tenaient leur fief et de le reconnaître pour leur *seigneur.* Celles des personnes morales, églises ou abbayes qui possédaient des domaines assez étendus, firent de même et leurs membres abandonnèrent à des hommes de guerre une portion de ces domaines pour se procurer des défenseurs en la personne de leurs vassaux. Les vassaux distribuèrent à leur tour la plus grande partie de leur fief à leurs puînés ou à leurs chevaliers et se trouvant vassaux du comte ou de l'évêque leur seigneur, furent eux-mêmes seigneurs de ceux à qui ils avaient donné des fiefs et les eurent pour vassaux. Ainsi s'établit la hiérarchie féodale qui subsista jusqu'en 1789, reposant sur des contrats librement consentis et presque toujours fidèlement observés par le seigneur et le vassal, dont les droits et les devoirs réciproques se transmettaient à tous les possesseurs légitimes de la seigneurie et du fief 2.

____

(1) *Ber*, au cas sujet, *baron*, au cas régime, vieux mot français qui veut dire homme dans l'acception du latin *vir*.

(2) Ce simple énoncé permet de voir que les seigneurs et les vassaux ne formaient pas deux classes distinctes, ces termes étant relatifs, et tout seigneur étant en même temps vassal, excepté le Roi, qui n'avait comme

Petit gas des environs de Gevraise, vers 1850

Fusain du Vicomte G. de Bonnet.

2° cas : une partie du comté administratif devient indépendante et échappe à la suzeraineté du comté féodal. Parfois, avant que la hiérarchie féodale se fut établie d'une façon stable et incontestée, pendant la période où les comtes, d'administrateurs qu'ils étaient, devinrent seigneurs héréditaires de leurs comtés, quelques-uns d'entre eux n'eurent pas la force nécessaire pour conserver le pouvoir souverain dans tout leur comté ou le transmettre intact à leur fils aîné ; quelques personnages richement possessionnés dans le comté ou quelques puinés d'un comte n'ayant laissé que des enfants encore jeunes, purent alors bâtir des forteresses et se constituer un État d'abord indépendant, puis relevant directement de la Couronne, lorsque le roi fut assez puissant pour faire reconnaître sa suzeraineté dans tout le royaume ; ainsi s'explique l'apparition d'États féodaux ne répondant qu'à une partie des divisions antérieures.

3° cas : plusieurs comtés ou fractions de comtés administratifs sont réunies pour former soit un seul comté ayant un nouveau nom, soit un duché. Enfin, certains signeurs ayant réuni plusieurs comtés ou seigneuries séparés, prirent un titre générique qui s'appliquait à l'ensemble de leurs possessions : les

seigneur que le Roi des Cieux. De plus, toutes les charges comme tous les droits féodaux étant attachés à la terre, en héritant d'un fief ou en l'achetant, on se trouvait obligé à toutes les charges et on acquérait tous les droits qui y étaient inhérents ; tout individu noble ou non, et fût-il même serf, pouvait acheter n'importe quel fief, dont la possession pendant trois générations anoblissait même dans beaucoup de parties de la France.

C'est grâce aux principes de l'inféodation substituée au partage pur et simple que la troisième dynastie de nos rois put faire l'unité de la France, impossible auparavant : en effet, la mort de chaque souverain n'amena plus le démembrement de ses États entre plusieurs fils dès lors souverains indépendants, mais l'aîné seul fut roi et les cadets durent reconnaître sa suzeraineté sur l'apanage qui leur était donné.

C'est sous l'influence des principes féodaux et chrétiens que s'établirent librement en France des institutions stables et fécondes grâce auxquelles les droits de tous furent reconnus et leurs intérêts représentés, grâce auxquelles régna en France une admirable harmonie sociale, ébranlée par le protestantisme, détruite enfin par la corruption intellectuelle et morale du XVIII° siècle et les crimes de la Révolution.

C'est sous l'empire de ces principes féodaux et chrétiens que disparut de notre sol le servage, vieux reste de la barbarie de l'État payen sous la tyrannie duquel les révolutionnaires ont essayé et essaient encore de nous ramener. On ignore ou on oublie trop que la Révolution a ravi au peuple de France toutes ses libertés, que le XVIII° siècle n'avait qu'un peu amoindries : liberté de conscience, liberté individuelle, liberté d'association, liberté de tester, liberté même de se réunir au nombre de deux pour prier ou faire du bien à ses semblables : elle ne lui a donné en échange que deux choses : la licence de faire imprimer toutes les infamies sous forme de livre ou de journal, et le droit pour tous les citoyens âgés de vingt-un ans de mettre, à certains jours fixés, un bout de papier portant un nom

comtes de Troyes et de Meaux prirent ainsi le titre de comtes de Champagne; les comtes de Mortagne, seigneurs de Nogent, s'intitulèrent comtes du Perche; le chef des Normands réunit les comtés que lui céda Charles le Simple, sous le nom de duché de Normandie.

Bien d'autres cas et d'autres circonstances purent se présenter dans l'établissement des circonscriptions féodales, mais ceux-ci trouvent leur application dans la région qui nous occupe : en effet, le *comté de Corbon ou du Corbonais*, division administrative au IXe siècle, devint, à l'époque féodale, l'apanage des comtes de Corbon, qui s'intitulèrent comtes de Mortagne, lorsque cette ville eût remplacé Corbon et qui prirent plus tard, peu avant 1100, le titre de comtes du Perche. Faisant partie du duché de France, comme nous l'avons vu plus haut (p. 18), le *comté du Perche* n'aurait été qu'un arrière-fief de la Couronne si, le duc de France, Hugues Capet, étant devenu roi en 987, les vassaux du duc de France n'étaient devenus dès lors vassaux immédiats du roi.

Le *territoire de Nogent-le-Rotrou*, situé dans le *pagus Carnotensis* et inféodé par le comte de Chartres à l'un de ses chevaliers, resta dans la mouvance du comté de Chartres, tout en étant appendance du comté du Perche, jusqu'à ce que Charles Ier,

quelconque dans une boîte décorée du nom d'urne. Les révolutionnaires soutiennent sans rire que, grâce à cette formalité, chaque citoyen est souverain (sans indiquer du reste ni de qui ni de quoi), et cette qualité qui semblerait avantageuse n'empêche pas bon nombre de ces souverains de mourir de faim, de se mettre en grève et de projeter d'anéantir la société et le produit du travail de quinze siècles dans l'espoir d'un sort moins malheureux.

L'étude et la mise en lumière de la société féodale sont d'autant plus utiles aujourd'hui que le désordre et la souffrance causés par la destruction sauvage de toutes les institutions traditionnelles qu'elle nous avait léguées se font sentir plus vivement : « *le régime féodal était, avant tout, une organisation pacifique du travail et de la jouissance de ses produits* », suivant la profonde définition qui en a été donnée récemment (1); autant donc il serait chimérique de vouloir ressusciter la société féodale, autant il est utile de bien la connaître pour ne pas l'imiter maladroitement : ainsi les syndicats professionnels dont se couvre aujourd'hui la France et qui sont l'imitation des associations analogues du moyen âge, seront utiles et bienfaisants s'ils sont un trait d'union entre le patron et l'ouvrier pour la défense de leurs intérêts communs comme l'étaient les liens féodaux et corporatifs : ils ne feront qu'accroître le désordre social qui menace le sort de la Patrie, si, méconnaissant les leçons de l'histoire, on organise en deux camps ennemis ceux dont les intérêts sont les mêmes; le gouvernement, quelque nom qu'il porte, achèvera la ruine de la France s'il entrave au lieu de la seconder l'action pacifiante de l'Eglise, sous l'inspiration de laquelle la société féodale améliora si heureusement le sort du peuple et fit faire à la France des progrès qu'on oublie vraiment trop.

(1) Traicté de l'Économie politique, par A. de Montchrétien, publié avec introduction et notes par Th. Funck-Brentano, Paris, Plon, 1889; -- Introduction p. XXXVII.

duc d'Alençon, qui était en même temps comte du Perche et de Chartres (1293-1325), eût distrait la mouvance de Nogent du comté de Chartres, pour l'attacher à une autre de ses seigneuries.

L'église de Chartres possédant dans ce diocèse de vastes domaines, probablement exempts de toute juridiction civile autre que celle du roi, les inféoda à des chevaliers; cinq de ces terres, se trouvant réunies entre les mains de Guillaume Gouet, prirent le nom de *Fief-Gouet*, et plus tard celui de *Perche-Gouet*; leurs seigneurs furent toujours vassaux des évêques de Chartres; ceux de *Longny*, de *Marchainville*, de *la Loupe* étaient dans le même cas.

Le territoire de la *baronnie de Châteauneuf-en-Thimerais*, qui faisait primitivement partie des comtés de Chartres et de Dreux, fut occupé par de puissants seigneurs que certains historiens croient cadets des comtes de Dreux et qui, en tout cas, se rendirent assez indépendants pour ne relever que du Roi.

La *seigneurie de Bellême* fut également démembrée du comté du Corbonais pendant plus d'un siècle; les seigneurs de Bellême ayant trouvé moyen de se rendre indépendants de fait ou de droit.

Une partie de la région du Perche, comprise dans le diocèse de Chartres et située dans les environs de Mondoubleau, fit certainement partie de cette baronnie qui relevait d'abord en fief lige du comté du Mans, puis fut unie à Vendôme et l'un et l'autre érigés en un duché-pairie relevant de la Couronne.

Nous croyons que la meilleure façon d'étudier les changements géographiques de la région qui nous occupe, à partir de l'époque où les fiefs devinrent héréditaires, est de faire un historique succinct des familles des grands feudataires qui la gouvernaient : en effet, les mariages, les guerres, les partages de famille amenèrent presque à chaque génération la séparation ou la réunion sous la même main d'un ou de plusieurs des grands fiefs de cette région et quelquefois même des changements dans leur mouvance. Nous ne nous occuperons en examinant ici ces personnages que de leur filiation, de leur chronologie et des faits qui se rapportent à la géographie, laissant pour une autre étude les détails fournis abondamment sur leur histoire par les chroniques et les chartes.

La filiation des premiers seigneurs de Nogent-le-Rotrou et de Mortagne est assez difficile à établir, car les documents qui les concernent sont rares et plusieurs difficiles à dater; de sorte que tous les auteurs qui s'en sont occupés ne sont pas arrivés au même résultat; mais l'examen de tous les documents actuellement connus permet d'énoncer quelques conclusions certaines, quoiqu'il faille encore recourir à des conjectures pour l'explication de certains points.

§ 2. Rotrou, seigneur de Nogent.

M. des Murs cite [1] un titre de 963 relatif à la fondation du prieuré de Bonneval, où se trouve mentionné comme témoin un Rotrou, probablement le même que celui qui est mentionné dans six chartes du cartulaire de Saint-Père, dont la première est du 5 février 978 et la dernière, indiquée par Guérard comme antérieure à 996; dans les premières, il est témoin sous le simple nom de Rotrou *Rotrocus* ; la dernière avant 996 est la donation par Rotrou de Nogent *« Rotroco de Nogiomo »* d'une terre située à Thivars, il se dit chevalier et vassal d'Eudes, comte de Chartres [2] ; on peut en conclure que ce Rotrou était alors seigneur de Nogent-le-Rotrou et du territoire en dépendant, qu'il tenait en fief du comte de Chartres. Rouillard [3] dit que la terre ou l'héritage, objet de ce titre n'appartenait à Rotrou que depuis l'an 980, époque à laquelle Eudes Ier, comte de Chartres, qui l'avait distrait du domaine de Saint-Martin-du-Val, en avait fait don à Rotrou, l'un des plus considérables et des plus fidèles de ses chevaliers. Un autre historien chartrain, Ozeray [4], dit qu'en 980, Eudes Ier, comte de Chartres, donna une partie des biens de l'abbaye de St-Père à un de ses chevaliers nommé *Rotroldus*. Odolant-Desnos, dans un mémoire manuscrit sur les seigneurs de Nogent-le-Rotrou [5], pense que Thibaut-le-Tricheur ayant acheté d'Hastings, vers 976 ou 977, le comté de Chartres et s'étant uni avec le roi Lothaire et Geoffroy Grisegonelle, comte d'Anjou, pour faire la guerre à Richard Ier, duc de Normandie, inféoda à Rotrou seigneur du Corbonais [6] le territoire de Nogent, à la charge de relever du comte de Chartres, afin de l'engager à attaquer de son côté le duc Richard, ce qu'il fit, en effet, comme le raconte Wace dans son roman du Rou, où il donne à Rotrou le titre de comte du Perche (voy. plus haut, p. 28).

(1) Histoire des comtes du Perche, p. 108.

(2) *Rotrocus seculari militiæ deditus et Odonis comitis fidelitati devotus.*

(3) Parthénie ou histoire de la très dévote et très auguste église de Chartres ; (cité par O. des Murs).

(4) Histoire du pays chartrain, t. I; (cité dans les notes ms. de Dallier, à la bibliothèque communale de Nogent-le-Rotrou).

(5) B. N. ms. fr. 11931.

(6) Rotrou n'était certainement pas possesseur du Corbonais, puisque les chartes où son nom figure le nomment simplement Rotrou ou Rotrou de Nogent, tandis qu'à la même époque on trouve un Hervé comte de Mortagne.

§ 3. Geoffroy II, vicomte de Châteaudun, seigneur de Nogent.

M. des Murs et après lui Pitard affirment, mais sans en donner de preuve, que Rotrou eut pour fils et successeur, en 987 ou 990, Geoffroy Ier, dont ils font un comte de Mortagne, et qui aurait épousé Milesende, héritière de la vicomté de Châteaudun, fille de Hugues Ier, vicomte de Châteaudun, et d'Hildegarde ; mais nous croyons plutôt avec Souchet (1) que Geoffroy était fils de Hugues Ier, vicomte de Châteaudun, et d'Hildegarde, et petit-fils de Geoffroy Ier, vicomte de Châteaudun, et d'Hermengarde, qui forment le premier degré dans la filiation actuellement probable de la maison de Châteaudun ; de plus, il nous semble également probable que sa femme Milesende était fille de Rotrou, seigneur de Nogent, et apporta cette seigneurie à son mari, car son fils Geoffroy III, dans la charte de fondation de Saint-Denis de Nogent (2), donne l'église de Champrond, qui se trouvait dans la seigneurie de Nogent, en en réservant l'usufruit à sa mère Milesende.

§ 4. Hervé et Fulcoïs, comtes de Mortagne ; Geoffroy III, comte de Mortagne, vicomte de Châteaudun et seigneur de Nogent.

Geoffroy (II comme seigneur de Nogent-le-Rotrou, III comme vicomte de Châteaudun, Ier comme comte de Mortagne) est le premier de cette famille dont la filiation soit incontestable. Une charte d'Hildegarde, vicomtesse de Châteaudun, en faveur de Saint-Père, placée par Guérard circa 1020 (mais qui devrait selon nous être placée entre 1005 et 1023 et que nous supposons plus proche de cette première date), mentionne son fils Hugues, archevêque de Tours, et un Geoffroy, neveu de ce dernier, que tous les auteurs identifient avec Geoffroy III, vicomte de Châteaudun. Il souscrivit une charte de saint Fulbert en faveur de Saint-Père de Chartres de 1019 à 1028 (3), une autre charte du roi Robert, donnée à Paris en 1028 en faveur de l'abbaye de Cou-

(1) Histoire du diocèse du Chartres, l. I, ch. X.
(2) Pub. par Bry, p. 140.
(3) Cartulaire de Saint-Père de Chartres.

lombs (1), et la confirmation par le comte de Chartres de la fondation de la collégiale de Sainte-Marie-de-Mondoubleau, entre
1028 et 1031 (2). Geoffroy fonda lui-même, en 1031, le prieuré de
Saint-Denis de Nogent-le-Rotrou; il prend dans l'acte de fondation (3) le titre de vicomte de Châteaudun, et agit du consentement de ses seigneurs : Eudes, comte de Chartres et comte
palatin de Champagne, et Thierry, évêque de Chartres, qui appo-
sent leur seing manuel au bas de l'acte, ainsi que Hugues et
Rotrou, ses fils, et Eleusie ou Elvise, sa femme.

Courtin (4), copié par Bry de la Clergerie, qui a lui-même servi
de source à l'auteur de la notice sur les comtes du Perche dans
l'Art de vérifier les dates, ont donné pour père à Geoffroy III,
vicomte de Châteaudun, Guérin de Bellême, seigneur de Domfront, petit-fils d'Yves de Creil, seigneur de Bellême; mais la
chronologie condamne cette assertion qui ne repose sur aucune
preuve; car même en ne faisant qu'un seul personnage de Geoffroy II et de Geoffroy III, ce qui serait possible à la rigueur, nous
le voyons bâtir le château d'Illiers, relever celui de Gallardon et
ravager les terres de l'église de Chartres sous le pontificat de
saint Fulbert (1020-29) (5). M. Mabille nous apprend (p. 4) que
Hugues II porta le titre de vicomte de Châteaudun tant qu'il fut
doyen, et qu'il abandonna cette qualité en faveur de Geoffroy III,
son neveu, aussitôt qu'il fut promu à l'archevêché de Tours,
c'est-à-dire en 1005; car plusieurs actes donnent le titre de
vicomte à Geoffroy du vivant même de son oncle, ce qui le fait
naître avant 990, et probablement vers 980, car son oncle Hugues
ne lui aurait pas abandonné la vicomté de Châteaudun en 1003
ou 1004, s'il avait encore été tout enfant (6), nous savons enfin

(1) *S. Guazfridi vicecomitis de Castrodunensi*, rec. des hist. des G. et
et de la Fr., X, p. 619 *A*.

(2) Cartulaire de Saint-Vincent du Mans, n° 180.

(3) Publié par Bry, p. 140.

(4) Ms. du Dr Libert, sénateur, à Alençon; p. 174.

(5) « *Gaufridus vicecomes de Castro-Dunensi refecit ante natale Domini castellum de Galardone quod olim destruxisti et ecce tertia die post
epiphaniam Domini cepit facere alterum castellum apud Isleras intra
villas Sancte-Marie.* » *Fulberti carnot. ep. ad Robertum*; rec. des hist.
des G. et de la Fr., X, p. 457. D'autres lettres de Fulbert se rapportent
aux vexations que lui fit Geoffroy.

(6) « *XVIII kal. maii* (14 avril) *obiit Hildegardis vicecomitissa de
Castro-Dunis; pro cujus anima dedit Sancte-Marie filius ejus Hugo
Turonensis archiepiscopus alodum suum qui dicitur Viverus.* » On pense
que cette Hildegarde, veuve en premières noces d'Ernaud de la Ferté,
était femme de Hugues Ier, vicomte de Châteaudun, dont l'origine est in-
certaine et qui figure pour la première fois dans l'histoire vers l'an mil.
Hugues de Châteaudun, archevêque de Tours, fils de Hildegarde et de

qu'il était mort avant 1041 (1), tandis qu'Yves de Bellême, frère
de ce Guérin (2) qu'on veut donner pour père à Geoffroy, occupa
le siège épiscopal de Séez jusqu'en 1070, d'après le *Gallia christiana*, et serait mort environ 90 ans après la naissance de son neveu.

Ce système ne repose que sur un passage d'Orderic-Vital inter-
prété d'une façon très arbitraire : parlant de la guerre entre Geoffroy IV, comte de Mortagne, et Robert de Bellême, il dit qu'ils
étaient cousins et que Geoffroy s'efforçait de reprendre, les armes
à la main, Domfront et d'autres terres que Robert lui disputait, il
ajoute que Guérin de Domfront était *atavus* de Rotrou (3); nous
croyons donc vraisemblable qu'Adèle, femme de Rotrou II et

Hugues Ier, siégea de 1005 à 1023 » (cartulaire de Notre-Dame de Chartres, III, 88, 89). Hugues Ier, vicomte de Châteaudun, était probablement
fils de Geoffroy Ier, vicomte de Châteaudun, et d'Ermengarde ; des Murs
(p. 70, 120) cite (d'après le précis historique de l'abbaye de Bonneval,
collection Gaignières, 191) un titre relatif à l'abbaye de Bonneval de l'an
963, contenant ces mots : *Deinde extitit quidam vicecomes castridanensis
Gaufredus nomine qui... et uxoris Hermengardis... filius suus nomine
Hugo...* Un *Gauzfridus vicecomes* est mentionné par le cartul. de Saint-
Père (p. 79), en 985.

(1) Une charte du roi Henri, de l'an 1041, en faveur de Saint-Denis de
Nogent-le-Rotrou, confirme les donations du comte Geoffroy de bonne
mémoire (Courtin, ms. du Dr Libert, p. 188; des Murs, p. 174, donne une
traduction de cette charte). M. Mabille (cartul. de Marmoutiers pour le
Dunois) pense que Geoffroy mourut en 1038 ou 1039.

(2) Il est dit dans l'Art de vérifier les dates (XIII, p. 173) que « Warin
avait épousé Mélisende ou Mathilde, sœur à ce qu'il paraît de Hugues,
archevêque de Tours, du chef de laquelle il fut *vicomte de Châteaudun.
Il prenait aussi les titres de seigneur de Domfront, de Nogent et de
Mortagne* ». Ce Guérin eût été un puissant seigneur s'il avait eu ces
terres, mais nous ne voyons aucun historien, ni aucune charte lui donner
un seul de ces titres : il n'est mentionné par aucun des historiens de
Châteaudun ni de Nogent et son nom ne figure dans aucune des nombreuses chartes relatives au Perche chartrain ou au Dunois, enfin nous
croyons qu'il ne peut pas davantage être placé entre Hervé, comte de
Mortagne en 954, et Fulcoïs qui eut le même comté vers l'an 1000.
Robert de Torigni le nomme *Garinus de Damfronte*, il n'est appelé que
Warinus dans la charte de fondation de l'abbaye de Loulai par Guillaume,
son père, dont il n'était que bâtard (d'après une charte de Marmoutiers,
citée par l'Art de vérifier les dates), et qui lui avait peut-être donné Domfront.

(3) *Consobrini erant [Gaufridus et Robertus] et ideo de fundis ante-
cessorum suorum altercabant. Guarinus de Damfronte quem dæmones
suffocaverunt Rotronis atavus fuit et Robertus de Belismo quem filii
Gualterii Sori securibus apud Balaum in carcere ut porcum mactave-
runt Mabiliæ matris Roberti patruus extitit. Robertus itaque Damfrontem
et Bellismum et omne jus parentum suorum solus possidebat et partici-
pem divitiarum seu consortem potestatis habere refutabat... Domfrontem
fortissimum castrum aliosque fundos [Gaufredus] jure calumpniabatur
et Roberto cognato suo auferre nitebatur. Sic longa lis inter duos
potentes marchisios perduravit. (O. Vital, l. VIII.)*

mère de Geoffroy IV, était fille de Guérin de Domfront, qui se trouverait ainsi le bisaïeul de Rotrou III, le contemporain d'Orderic Vital (1 ; il est très naturel que Geoffroy IV, comte du Perche, ait essayé de rentrer en possession de Domfront et autres terres, que Guérin, son aïeul maternel, avait ou non possédées, mais auxquelles il avait droit de prétendre, puisque, par sa mère, il descendait de la maison de Bellême, au même degré que Robert en descendait par la sienne.

Geoffroy III, vicomte de Châteaudun et seigneur de Nogent-le-Rotrou, jouit certainement aussi du comté de Mortagne ou du Corbonais; car Rotrou II, son fils, prenant, dans la charte de confirmation accordée par lui à Saint-Denis de Nogent, les titres de comte de Mortagne et de vicomte de Châteaudun, les donne également à son père, Geoffroy III 2 ; enfin, le roi Henri Ier, dans la charte que nous avons citée plus haut (p. 39, note 1) lui donne également le titre de comte qui ne pouvait s'appliquer qu'à Mortagne.

Une charte nº 604 du cartulaire de Saint-Vincent du Mans, datée par les éditeurs de 1065 environ, mais antérieure, selon nous, à la fin de 1060 (3), est une donation de Saint-Longis, dans le Maine, faite par Rotrou II, comte de Mortagne, et sa famille : *(Rotrochus comes de Mauritania et mea uxor Adeliz et filii nostri Rotrochus et ceteri nostri infantes.....* pour le repos de l'âme de ses parents : « *uci mei Fulcuich comitis, et avunculi mei Hugonis et patris mei vicecomitis Gaufridi.* » Ce document, inconnu jusqu'ici de tous les historiens du Perche, jette quelque lumière sur la filiation des premiers seigneurs de Nogent-le-Rotrou et du Corbonais, et explique la réunion dans une même main du comté de Mortagne, de la vicomté de Châteaudun et de la seigneurie de

(1) M. des Murs fait remarquer (p. 66) que d'après Cicéron *atavus* signifiait quatrisaïeul, mais il cite plusieurs textes contemporains d'Orderic Vital dans lesquels *atavus* signifie bisaïeul.

(2) *Ego Rotrocus comes Mauritanie castri atque Castridunensium vicecomes. . quia pater meus videlicet comes Gaufridus atque vicecomes* (Bry, p. 147).

(3) Les éditeurs du cartulaire de Saint-Vincent du Mans placent cette charte « vers 1065 », elle est cependant approuvée par le comte Geoffroy « *farente comite Gaufrido* »; or ce Geoffroy n'était pas le comte du Maine, mais le comte d'Anjou, ce qui nous est expliqué par un passage de la charte 184 de ce même cartulaire : « *Actum Cenomannis curie publice, Gaufrido comite presidente, Herberto puero comite vivente, Henrico rege regnante* », accompagnée de la note suivante des éditeurs : « Cette expression significative peint au vif l'état du Maine sous le jeune Herbert II, qui n'eut de comte que le nom, tandis que Geoffroy Martel, comte d'Anjou, jouissait de l'autorité souveraine (1051-1060) ». Nous croyons donc que la charte nº 609 doit être placée avant 1060.

Nogent-le-Rotrou. En effet, ce Fulcoïs, dont Rotrou parle comme de son aïeul, ne pouvait être comte que du Corbonnais, car, outre que nous voyons son petit-fils le posséder sous le nom de comté de Mortagne, cette ville ayant remplacé Corbon), ce qui serait déjà une présomption en faveur de l'identification que nous proposons pour ce titre de comte, nous en avons la certitude, grâce à un passage d'Odolant-Desnos : « Fulcoïs tint le Corbonais à titre de gouvernement si on en croit une charte rapportée dans le *Cenomannia*, ms. de dom Briant (1). » Or, comme nous voyons que Geoffroy III ne prenait encore en 1031 que le titre de vicomte de Châteaudun, et que le titre de comte ne lui est donné que dans des documents rédigés après sa mort, il est plus que probable que ce n'est pas lui, mais sa femme Helvise, qui avait pour père Fulcoïs, et qu'il ne survécut pas longtemps à son beau-père, dont il hérita cependant du comté de Mortagne.

Fulcoïs avait eu pour prédécesseur, et peut-être pour père, Hervé comte de Mortagne, témoin d'une charte en faveur de Saint-Père de Chartres, le 25 juin 954 (2).

Le cartulaire de Saint-Denis de Nogent (3) nous apprend que Geoffroy II fut assassiné en sortant de la cathédrale de Chartres ; cet événement arriva avant 1041 et probablement en 1038 ou 39, d'après M. Mabille (4). Il avait eu de sa femme Helvise deux fils, Hugues et Rotrou (3).

§ 5. Hugues III, vicomte de Châteaudun.

Bry de la Clergerie et, après lui, l'Art de vérifier les Dates, disent que Hugues mourut avant son père, mais les chartes du cartulaire de Marmoutiers pour le Dunois, publiées par M. Mabille, prouvent que Hugues succéda à son père, au moins dans la vicomté de Châteaudun et qu'il avait épousé une femme nommée « *Adila* », mentionnée avec lui dans une charte que M. Mabille place en 1039 ou 40. Posséda-t-il tout ce qui avait appartenu à son père : le comté de Mortagne, la seigneurie de Nogent-le-Ro-

---

(1) Mémoire sur les seigneurs de Nogent-le-Rotrou, Bibl. nat., ms. fr. 11931.

(2) Cartulaire de Saint-Père, p. 199.

(3) Chartes de Saint-Denis de Nogent et Saint-Père, citées par Bry, p. 146.

(4) Cartulaire de Marmoutiers pour le Dunois.

trou et la vicomté de Châteaudun, ou seulement cette dernière, nous n'en savons rien ; en tout cas, le tout finit par appartenir à son frère, ce qui prouve qu'il ne laissa pas d'enfants qui lui aient succédé.

§ 6. Rotrou II, comte de Mortagne, vicomte de Châteaudun et seigneur de Nogent, 1040, † vers 1079.

Rotrou nous apprend qu'il succéda jeune à son père et qu'il eut à vaincre beaucoup de difficultés (1). Il dut hériter assez vite de la vicomté de Châteaudun, car nous ne voyons son frère Hugues mentionné dans aucune charte postérieure à celle citée plus haut. Rotrou signa en 1058 une charte d'Henri Iᵉʳ, donnée pendant le siège de Timer, sous le nom de *Rotroldus comes* (2). Nous avons parlé plus haut de sa charte en faveur de Saint-Vincent du Mans, où se trouve mentionnée sa femme Adèle. Il confirma dans ses biens et fit consacrer le prieuré de Saint-Denis de Nogent entre 1075 et 81 (3). La charte qui raconte cette solennité fut confirmée entre autres par ses fils *Geoffroy*, *Hugues*, *Rotrou* (4), *Fulcoïs* et par sa fille *Helvise*. Le comté de Mortagne,

(1) *Ego vero adhuc satis juvenculus heres pro eo constitutus, cum inter procellas hujus œstuantis pelagi multa pertulissem pericula* (Charte de Rotrou pour Saint-Denis de Nogent, Bry, p. 147).

(2) Rec. des hist. des G. et de la Fr. XI, p. 599 A. L'original de cette charte est aux arch. d'Eure-et-Loir, fonds des prieurés de Marmoutiers.

(3) Nous plaçons entre ces deux dates cette charte publiée par Bry, p. 147, car nous voyons qu'elle fut rédigée sous l'épiscopat de Geoffroy, évêque de Chartres de 1075 à 1091, et d'Armand, évêque du Mans de 1067 à 1081 ; l'Art de vérifier les Dates la place en 1079, parce que Geoffroy, évêque de Chartres, qui monta sur ce siège en 1077, ne commença d'en jouir, suivant le Gallia Christiana (t. VIII, col. 1125), qu'en 1079, mais nous voyons dans la liste chronologique des évêques de Chartres, donnée par MM. de Lépinois et Merlet, dans le cartul. de N.-D. de Chartres (I, ép. XXXIII), que Geoffroy qui commença à siéger en 1075, fut déposé en 1077, puis en 1089.

(4) Le cartulaire de Saint-Vincent du Mans nous apprend que Rotrou, troisième fils de Rotrou II, comte de Mortagne, ayant épousé Lucie, fille d'Hugues de Gennes, se trouva ainsi possesseur des terres de ce dernier, situées dans le Maine : 1082-1102. *Rotrochus, filius comitis Rotrochi, postquam filiam Hugonis de Gena cum honore ipsius accepit, omnes tenturas quas de ipso fevo monachi Sancti-Vincentii tenebant... calump-*

la vicomté de Châteaudun et la seigneurie de Nogent-le-Rotrou,
réunies probablement par Geoffroy II le furent certainement entre
les mains de Rotrou II; mais à la mort de celui-ci, dont nous
ignorons la date précise, mais qui doit être placée entre 1076
et 1080 1 , son fils aîné Geoffroy eut pour sa part Nogent et le
comté de Mortagne. Hugues 2 le second, surnommé dans les
chartes *Capellus*, et probablement en français *Chapel*, fut vicomte
de Châteaudun qui passa à sa postérité.

Le comté de Mortagne devait comprendre, non tout l'ancien
Corbonnais, mais seulement le doyenné de Corbon et les quatre
châteaux dont nous verrons plus loin la liste dans une charte
de Rotrou III 3 . Rotrou II était aussi, peut-être comme seigneur
de Nogent-le-Rotrou, suzerain du seigneur de Regmalart qui
était alors Hugues de Châteauneuf, car Orderic Vital nous apprend 4 que Guillaume le Conquérant ayant fait la paix avec
Rotrou, l'emmena au siège de Regmalart, parce que cette place
faisait partie de son fief et que le fils du roi d'Angleterre s'y était

niari cepit (charte nº 264) ; — *Dominus Rotrochus de Monteforti et filius
suus, nomine Rotrochus et Lucia mater ejus* (charte nº 172, circa 1110).
Les terres d'Hugues de Gennes correspondaient selon toute probabilité au
territoire qui s'appela depuis la seigneurie de Montfort-le-Rotrou, lorsque
Rotrou y eut bâti le château de Montfort sur les bords de l'Huisne, au-
dessus de Pont-de-Gennes, comme nous l'apprend une note manuscrite
d'Odolant-Desnos : « Montfort-le-Rotrou... a pris son nom de Rotrou,
son seigneur, troisième fils de Rotrou, comte du Perche; il y fit bâtir un
château. » (Annotations manuscrites d'Odolant Desnos en marge d'un
volume de Bry de la Clergerie, dans la bibl. de M. le Dr Libert, sénateur,
à Alençon.)

(1) Rotrou II vivait encore le 25 août 1076; il figure à cette date dans la
charte nº 587 du cartul. de Saint-Vincent du Mans, avec deux de ses fils :
Hugo Capellus et *Warinus Brito;* M. Mabille (cartul. de Marmoutiers
pour le Dunois, p. 131) pense qu'il mourut vers 1079; il mourut au plus
tard en 1080, année où son fils Hugues figure avec le titre de vicomte de
Châteaudun dans une charte de Marmoutiers, publiée par M. Mabille
(p. 130); si l'expédition contre Regmalart est bien de 1078, Rotrou vivait
encore en 1078.

(2) Hugues III, vicomte de Châteaudun, surnommé *Capellus* dans une
charte de Saint-Vincent du Mans (voy. la note qui précède) est désigné
avec le même surnom et le titre de vicomte de Châteaudun dans la charte de
Marmoutiers de 1080 : « *Hugo cognomento Capellus, vicecomes de Castro-
Duno.* »

(3) Voyez page 53, note 3.

(4) 1078? *Bellis itaque passim insurgentibus cordatus Rex exercitum
aggregavit et in hostes pergens, cum Rotrone Mauritaniensi comite
pacem fecit..... Rex Guillelmus hunc pretio conduxit, secumque ad obsi-
dionem, quia Raimalast de feudo ejus erat, minavit, quatuor castra in
gyro firmavit, etc...* (Orderic Vital, l. IV, éd. le Prévost, II, p. 297.)

réfugié. Rotrou II, outre les enfants dont nous avons parlé plus haut, en avait encore eu deux : *Guérin le Breton* 2 et *Robert Mande-Guerre* (3 , l'un et l'autre inconnus à Bry de la Clergerie et à l'Art de vérifier les dates.

(2) Guérin le Breton, nommé dans la charte 587 du cartulaire de Saint-Vincent du Mans de 1076, peut être le même qu'un « *Garinus de Per-tico, miles* » mentionné dans une charte du 1er juillet 1134 au f° 53 du ms. lat. 5418 de la Bibl. nat.

(3) Ce personnage est désigné sous le nom de *Robertus Maudeguerra* dans deux chartes du cartulaire de Tiron (p. 39 et 54) de 1119 et de 1120 et sous celui de *Robertus Manda-Guerram* dans une charte de Marmoutiers de 1080 (Mabille, p. 130); dans une autre charte de Marmoutiers, sans date, dont la copie est dans le ms. lat. 10065, n° 21, publié par M. Mabille, p. 138, figurent Hugues, vicomte de Châteaudun, et ses frères le comte Geoffroy et Robert Maudaguerra. Il laissa au moins un fils nommé Robert Maschefer, qui fit avec le prieur de Saint-Martin-du-Vieux-Bellême un accord où il est dit fils de Robert, qui était fils de Rotrou, comte du Perche. (Bib nat., ms. lat., 10065, abb. du Vieux-Bellême, n° 6.)

TABLEAU de la Famille des vicomtes de Châteaudun, com

GEOFFROY Ier
1er vicomte de Châteaudun, † 983
ép. Hildegarde

HUGUES Ier
2e vicomte de Châteaudun, 983; † av. 987
ép. Hildegarde, veuve d'Eudes, fils de la Ferté, 985
et probablement fille de Thibaut Ier, comte de Blois, Chartres et Tours, et de Ledgarde de Vermandois

HUGUES II
3e vicomte de Châteaudun, 987;
archevêque de Tours, 1005, † 1023

GEOFFROY II
987, † avant 1005
ép. Milessende, fille de Rotrou, seigneur de Nogent-le-Rotrou

Helvise
ép. Hamelin

GEOFFROY III
4e vicomte de Châteaudun en 1005
et seigneur de Nogent-le-Rotrou
† avant 1031
ép. Helvise, fille et héritière de Fulcois,
comte de Mortagne

HUGUES III
5e vicomte de Châteaudun
1039-50
ép. Adèle

ROTROU II
6e vicomte de Châteaudun, 1040;
comte de Mortagne en 1065;
seigneur de Nogent-le-Rotrou;
† vers 1079
ép. Adèle, fille de Guérin de Domfront

Helvise

FOULQUES

GEOFFROY IV
comte de Mortagne, vers 1079
1er comte du Perche,
† en 1100
ép. Béatrice de Roucy

GUÉRIN
le Breton
1076

Julienne
ép. Gilbert
seigneur
de L'Aigle

ROTROU III
le Grand, † 1144
2e comte du Perche, 1100
ép. A Mahaut d'Angleterre
B Harvise de Salisbury
(qui se remaria à Robert
de France, comte de Dreux)

Marguerite
ép. Henri de Beau-
mont-le-Roger,
sr de Neubourg,
1er comte de War-
wick, † 1123

Mahaut
† 1143
ép. A Raymond Ier
7e vicomte de Turenne
† vers 1122
B Gui de Lastours

A *Philippe*
ép. Hélie
d'Anjou, frère
de Geoffroy-
Plantagenet

A *Félicie*

B **ROTROU IV**
3e comte du Perche
1144; † 1191
ép. Mahaut
de Champagne

B **GEOFFROY**
(encore enfant
en 1144)

B **ETIENNE**
chancelier
de Sicile,
archevêque
de Palerme

Béatrice
ép. Renaud III
seigneur
de Château-
Gontier

Oraine
religieuse
à Bellomert

ROTROU
évêque
de Châlons-
sur-Marne,
1191; † 1201

GEOFFROY V
4e comte du Perche,
1191; † 1202
ép. A, avant 1179,
Mahaut;
B, 1189, Mahaut
de Bavière (qui se
remaria
à Enguerrand III
de Coucy)

ETIENNE
duc de
Philadelphie
† 1205

GUILLAUME
évêque de Châ-
lons-sur-Marne,
1215;
6e comte
du Perche,
1217; † 1226

HENRI
vicomte
de Mortagne
ép. Géorgie

THIBAUT
archidiacre
de Reims

B **GEOFFROY**
mort jeune

THOMAS
5e comte du Perche
1202, † 1217
ép. Hélissende
de Réthel (qui se
remaria à Garnier
de Traînel)

THIBAUT
doyen de St Martin
de Tours, 1197-1209
ne l'était plus
en 1211
† avant 1217

HUGUES

Adèle
ou *Alice*
morts jeunes

Ce tableau, destiné à faire voir d'un seul coup d'œil l'ensemble de la 1re feuille des comtes du Perche, est extrait des deux premiers chapitres de notre seconde partie; sauf : la branche des vicomtes de Châteaudun depuis Hugues IV, établie d'après les cartul. de Tiron, de Saint-Vincent du Mans et de Marmoutiers pour le Dunois; le tableau d'Hugues *Perticæ* d'après le cartul. de N.-D. de Paris et les ms. lat. 17049, p. 211, et celui d'Hervé de Gallardon d'après ce dernier ms. Enfin nous devons la filiation des seigneurs de Montfort-le-Rotrou à l'obligeante érudition de Monsieur le vicomte d'Elbenne.

?
HUGUES
(*Perticæ*, 1026)
ép. Milesende qui fut aussi femme
de Geoffroy,
comte de Châteaudun

?
HERVÉ
seigneur de Gallard en 1040

GEOFFROY LETAUD
1026

HERBERT
de Gallardon

HUGUES

HERVÉ FOUCHER *Guibourge*

HUGUES IV
(*Capellus*)
7e vicomte de Châteaudun
vers 1079, † vers 1110;
ép. Agnès ou Comtesse
fille de Foucher,
seigneur de Fréteval

ROTROU
1er comte seigneur de Montfort
† vers 1130
ép. vers 1090, Lucie de Gennes,
dame de Montfort
dont Rotrou fit construire
le château

ROB[ERT]
Mauleg...

Mahaut
ép. A Robert
vicomte de Blois
B Geoffroy
Grisegonelle
comte de Vendôme

GEOFFROY IV
8e vicomte de Châteaudun
1110; † avant 1145
ép. Héloïse,
dame de Mondoubleau

HUGUES
—
GILDUIN
—
FOULQUES

ROTROU II
seig' de Montfort
et Vibraye,
1130-1181
ép.
Burgonie de Preuilly
ou de Sablé

RAOUL
1096
ép. Godehilde

ROB[ERT]
Mesch...

Aupaise

HUGUES V
9e vicomte
de Châteaudun
1145-1193
ép. Marguerite

PAYEN

Héloïse

ROTROU III
seigneur
de Montfort, Vibraye
Malétable
(auj. Bonnétable)
ch' banneret, croisé
1181 † 1239 ép.
Isabelle de Perrenay

GIROIE **GEOFFROY** [II]
—
GUILLAUME *Margue[rite]*

[HUG]UES VI
comte
[Château]dun,
† 1110
[Je]anne

Heloise
1163

GEOFFROY V
11e vicomte
de Châteaudun,
1193-1215
ép. Alice de Fréteval

PAYEN EUDES
1190

Marguerite
—
Agnès

ROTROU IV
seig' de Montfort,
Semblençay,
Saint-Christophe,
Malétable,
1239 † 1275
ép. Marguerite
d'Alluye

GEOFFROY **HUGUES**

[GEOF]FROY
18[?]

Alice
dame de Fréteval
ép. Hervé
de Gallardon

GEOFFROY VI
12e vicomte
de Châteaudun 1229
ép. Clémence
des Roches
veuve de Thibaut VI
comte de Blois

Isabelle
—
Jeanne
—
Agnès

Jeanne
dame de Montfort
1275-1318
ép. Guillaume
l'archevêque
seigneur
de Parthenay

Clémence
ép. Robert,
de Dreux

CHAPITRE II

PREMIERS COMTES DU PERCHE

§ 1. *Geoffroy IV, 1er comte du Perche, vers 1079; † octobre 1100. —
§ 2. Rotrou III, 2e comte du Perche, octobre 1100; † 1144. —
§ 3. Rotrou IV, 3e comte du Perche, 1144; † 1191. — § 4. Geoffroy V, 4e comte du Perche, 1191; † 1202. — § 5. Thomas,
5e comte du Perche, 1202; † 20 mai 1217. — § 6. Guillaume, évêque de Châlons-sur-Marne, 1215; 6e comte du Perche, 20 mai 1217;
† 28 février 1226 n. st.*

§ 1. Geoffroy IV, comte de Mortagne et 1ᵉʳ comte du Perche, vers 1079; † octobre 1100.

Geoffroy, du vivant de son père, avait fait partie de la fameuse
expédition par laquelle Guillaume le Bâtard se rendit maître
de l'Angleterre (1), son nom figure parmi les combattants présents
à la bataille d'Hastings (2); Guillaume le Conquérant lui donna
probablement en reconnaissance de ses services des terres en
Angleterre, mais il est peu probable qu'il lui ait donné le comté
de Richmond, comme le prétend M. des Murs (3).

(1) *Goisfredus Rotronis Moritonie comitis filius.* (Rec. des hist. des
Gaules et de la Fr., XI, p. 97,236 c).

(2) La maison du Perche possédait encore à la fin du XIIᵉ siècle des
terres en Angleterre qui lui venaient, soit des libéralités du Conquérant,
soit des dots de Mahaud d'Angleterre ou d'Harvise de Salisbury; car une
charte publiée dans le cartul. de la Couture du Mans (p. 133) et placée
entre 1191 et 1202, nous apprend que le comte Geoffroy V du Perche, sa
femme Mahaud et leur fils Geoffroy donnèrent à cette abbaye l'église de
Tudinguedone (Tugdington), l'acte en fut dressé « *in camera nostra apud
Tilium.* »

(3) Histoire des comtes du Perche, p. 196; en effet, nous n'avons rien
trouvé qui confirme cette assertion, et nous voyons, au contraire, Alain
Fergent ou le Roux, gendre de Guillaume le Conquérant, et duc de Bretagne en 1084, indiqué comme premier possesseur du comté de Richmond
(nommé Richemont par les auteurs français), qui appartint à ses descendants jusqu'au fameux connétable de France. A help to english history, by
P. Heylyn, London, 1680; p. 451.

Il épousa Béatrix (1) fille d'Hilduin IV, comte de Montdidier, seigneur de Rameru, d'Arcis et de Breteuil et comte de Roucy du chef de sa femme Alix (2), dont il eut un fils, *Rotrou*, et quatre filles : *Julienne*, mariée à Gilbert, seigneur de Laigle; *Marguerite*, mariée à Henri de Beaumont-le-Roger, seigneur de Neufbourg et premier comte de Warwick; *Mahaut*, mariée à Raymond Ier, 7e vicomte de Turenne, mort vers 1122, puis à Gui de Lastours; et une dernière fille dont le nom ne nous est pas parvenu (3).

Nous avons vu (p. 39) que Geoffroy fit la guerre à Robert de Bellême, mais il ne put s'emparer de Domfront et il ne nous est pas possible de savoir s'il ajouta quelque nouvelle terre au patrimoine qu'il avait reçu de son père; mais ce qui mérite d'être remarqué, c'est qu'il peut être regardé avec certitude comme le *premier comte du Perche*, c'est-à-dire comme le premier personnage qui soit désigné avec ce titre dans des documents authentiques. Il est cité sous cette désignation comme témoin dans une charte du cartulaire de Saint-Père (p. 314), placée par Guérard entre 1090 et 1100. Son fils Rotrou, dans sa charte de confirmation en faveur de Saint-Léonard de Bellême, publiée par Bry, lui donne également le titre de comte du Perche.

Ce titre, nouveau comme forme, n'en était pas moins ancien pour le fond, car nous avons vu (ci-dessus p. 17 et 18) que le Corbonnais était un comté dès 853 sous le règne de Charles-le-Chauve, mais le nom d'aucun des comtes de Corbon ou du Corbonnais ne nous est parvenu. La ville de Corbon ayant été, d'après une tradition très vraisemblable, détruite par les Normands, Mortagne devint la capitale du comté, dont Bellême fut séparé probablement vers la même époque, et dont nous voyons les possesseurs désignés pendant environ un siècle sous le nom de comtes de Mortagne; enfin Geoffroy IV modifia encore ce même titre en le rendant plus général, de façon qu'il désignât mieux l'ensemble de ses possessions: comté de Corbon ou de Mortagne, et territoire de Nogent qui était alors le Perche proprement dit.

Orderic Vital nous raconte que Geoffroy se voyant sur le point de mourir, appela les grands *du Perche et du Corbonnais* (4) sur

---

(1) *Istam Ælidem duxit comes Hilduinus de Ramerut et per eam factus est comes de Roccio; et genuit ex ea duos filios et septem filias.....; de septem filiabus..... secunda.... Beatrix nomine, Rotroldo (immo Gaufrido Rotroldi patri) comiti de Pertico peperit comitem Rotroldum et Margaretam de Noroburgo in Normannia; cujus filia Juliana de Aquila fuit mater reginæ Navarreorum.* (Rec. hist. de Fr., XI, p. 359 A.)

(2) Trésor de chronologie par le comte de Mas-Latrie, col. 1670.

(3) Mariée d'après M. des Murs à un comte d'Amiens (?)

(4) *Goisfredus, comes Moritoniæ, filius Rotronis comitis.... convocatis proceribus Pertici et Corboniæ qui suo comitatui subjacebant, res suas*

lesquels s'étendait son pouvoir de comte, et les pria de conserver
ses terres et châteaux à son fils unique Rotrou, qui était parti
pour Jérusalem, puis il mourut dans son château de Nogent en
octobre 1100. La comtesse Béatrix vivait encore vers 1120 1.

Nous ferons remarquer ici que, puisque nous voyons Geoffroy
porter le titre de comte du Perche, et son fils Rotrou le prendre
également en 1100 ou 1101, il est évident que le don qui fut fait
à Rotrou en 1113 du Bellêmois n'est pour rien dans l'apparition
de ce titre nouveau, quoi qu'en aient dit Bry de la Clergerie (2 et
d'après lui l'auteur de l'*Art de vérifier les Dates* 3. L'abbé le
Forestier avait fait la remarque suivante avec beaucoup de logique : « Si Rotrou prend deux qualités : celle de comte du Perche
« et de seigneur de Bellesme, *Ego Rotroldus comes Perticensis et*
« *dominus Bellismensis* 4, s'en suit-il de là qu'il n'ait pris la
« première que dans le temps qu'il a pris la seconde? ou plutôt
« ne s'en suit-il pas qu'étant dénommées toutes deux avec les
« distinctions expresses de comté du Perche et de seigneurie de
« Bellesme, l'une peut exister et a véritablement existé sans
« l'autre et qu'elles n'étaient pour lors nullement comprises
« l'une dans l'autre? (5 ».

soberter ordinavit. Beatricem nempe conjugem suam..... et optimates
suos prudenter instruens rogavit ut pacis quietem et securitatem sine
fraude tenerent suamque terram cum municipiis suis Rotroni filio suo
unigenito, qui in Jerusalem peregre perrexerat, fideliter conservarent.
Denique strenuus heros, omnibus rite peractis, Cluniacensis monachus
factus est et apud Nogentum castrum suum in octobris medio defunctus
est et sepultus. (Ord. Vital, l. XIII, éd. le Prevost, V, p. 1.)

L'expression de Perche désigne certainement ici le territoire qui avait
pour capitale le château de Nogent-le-Rotrou et le Corbonnais comprenait
le ressort du château de Mortagne.

(1) Béatrix est nommée avec son fils Rotrou III et sa belle-fille Mahaut
dans une charte du cartul. de Tiron, placée par M. Merlet vers 1125, mais
qui ne peut être postérieure à 1120, la comtesse Mahaut qui y figure étant
morte cette année-là.

(2) « Rotrou était comte de Mortagne seulement... mais sitôt qu'il fut
« seigneur de Bellême, il print (Rotrou) le titre de comte du Perche. »
« (Bry, p. 109) «... et parce qu'il (Rotrou) eut le comté de Bellesme
« comme nous dirons, c'est le premier de sa maison qui a pris indéfiniment
« le titre et la qualité de comte du Perche. » (Id., p. 163). « Il (Rotrou)
« prend la qualité de *comes Perticensis et dominus Bellismensis* comme
« s'il n'eust pu estre l'un sans l'autre. » (p. 178.)

(3) « La même année (1113), Rotrou reçut en présent du monarque
« anglais la ville de Bellesme qu'il l'avait aidé à reconquérir, mais non pas
« le château que Henri se réserva. Depuis ce temps, il se qualifia comte
« du Perche. » (XIII, p. 178.)

(4) Charte de 1126 concernant Saint-Léonard de Bellême, publiée par
Bry, p. 178.

(5) Passage cité par M. des Murs, hist. des comtes du Perche, p. 248.

La seigneurie de Bellême se trouva vite confondue avec les autres terres du comté du Perche, car nous ne voyons pas les successeurs de Rotrou III ajouter le titre de seigneur de Bellême à celui de comte du Perche, et dans le premier acte de foy et hommage que nous ayons du comté du Perche (1), la seigneurie de Bellême, qui y est évidemment comprise, n'est même pas mentionnée.

§ 2. Rotrou III le Grand, 2ᵉ comte du Perche 1100; † 1144.

Rotrou, qui avait pris la croix en 1096 et commandé un corps de troupes au siège d'Antioche (2), revint de la Terre Sainte peu de temps après la mort de son père, car il assista à la rédaction d'une charte d'Henri-Etienne, comte de Chartres, publiée dans le cartulaire de N.-D. de Chartres (1, p. 106), et datée d'octobre 1100 à 1101 par les éditeurs; il y est désigné sous le nom de *Rotrocus comes de Pertico.*

Rotrou, puissant et belliqueux, fit en Espagne plusieurs expéditions contre les Maures pour secourir Alphonse le Batailleur, roi d'Aragon, dont la mère Félice de Roucy était sœur de sa mère; il prit plusieurs villes, entre autres Tudela (3), dont Alphonse lui céda la propriété et qu'il donna ensuite, suivant certains auteurs (4), à Marguerite de Laigle, sa nièce, fille de sa sœur Julienne, en la mariant au roi de Navarre. L'Art de vérifier les Dates place la première de ces expéditions en 1105 et la seconde vers 1122. M. des Murs en porte, avec raison, selon nous, le nombre jusqu'à quatre. Pendant que Rotrou était en Espagne, l'aînée de ses sœurs, Julienne, était régente du comté du Perche, comme le prouve une charte de Saint-Denis de Nogent (5).

Nous lisons dans l'Art de vérifier les Dates (6) qu'en 1113,

(1) Pièce justificative nᵒ 5.

(2) *Decimæ aciei procerat Rotrodus, comes Perticensis* (Guill. Tyr. l. I, *de Bello sacro*; parlant du siège d'Antioche), — cité par Bry, p. 164.

(3) D'après Bry, p. 180, qui cite comme preuves des passages d'auteurs espagnols.

(4) Hist. des comtes du Perche, par M. des Murs, p. 593.

(5) *In presentiâ domine Juliane, quæ tunc temporis terram de Pertico in manu tenebat, comite in Hispaniâ morante.* (Bib. nat., collection Duchesne, vol. 20, fol. 218.) — Julienne du Perche épousa Gilbert de Laigle et leur fille Marguerite fut mariée à Garcias Ramirez, roi de Navarre.

(6) XIII, p. 178.

Fillette des environs de Gevraise, vers 1850

Dessin du Vicomte G. de Bourmet.

Rotrou reçut en présent du monarque anglais, la ville de Bellême qu'il l'avait aidé à reconquérir, *mais non pas le château* que Henri se réserva; nous avions trouvé étrange cette réserve qui nous semblait contraire au récit du continuateur de Guillaume de Jumièges (1), car le terme d'*oppidum* qu'il emploie pour désigner l'objet donné sans y faire aucune restriction, paraît désigner la ville et le château, mais il ne désigne certainement que la ville, puisque nous verrons que ce même château de Bellême fut, en 1158, donné par le roi d'Angleterre à Rotrou IV (2).

Orderic Vital nous apprend qu'en 1137 le roi d'Angleterre (Étienne de Blois) « se lia avec Rotrou, comte de Mortagne, et avec Richer de Laigle, son neveu, en leur donnant tout ce que leur avide ambition désirait. En effet, il accorda au comte la place de Moulins, et à Richer celle de Bonmoulin; puis, s'étant uni avec eux, il les opposa à ses ennemis sur les frontières de la Normandie » (3).

Rotrou avait épousé Mahaut, fille naturelle de Henri Ier, roi

(1) *Ipso denique [Roberto de Bellismo] in vinculis posito in quibus et defecit, rex [Angl.] Henricus nobilissimum oppidum ejusdem nomine Bellismum cepit et illud Rotroco, comiti Perticensi, genero suo dedit.* (Rec. des hist. de Fr., XI, p. 57.)

(2) *1158 Rotrodus* [Rotrou IV] *comes Moritoniæ sororius ejus [Theobaldi] (siquidem unam sororum ejus Odo dux Burgundiæ, aliam prædictus comes Rotrocus, qui usitatius dicitur comes Perticensis, tertiam Willermus Goiet', hic unquam Rotrocus reddidit Henrico regi* [Henri II duc de Normandie, 1149 † 1189] *duo castra Molinas et Bonum-Molinum, quæ erant dominia ducis Normanniæ, sed post mortem regis Henrici* [Henri Ier, duc de Normandie, 1106 † 1135] *Rotrocus comes* [Rotrou III] *pater hujus Rotroci occupaverat ea. Rex autem Henricus concessit eidem Rotroco Bellismum castrum et ille fecit regi propter hoc homagium.* — Chron. de Rob. de Torigni ; éd. L. Delisle, I, 314 ; — citée par Bry; p. 109, sous le nom de « Continuation du chronique de Sigebert »

(3) Orderic Vital, traduction de la collection Guizot, t. IV, p. 487.
Orderic Vital et Robert de Thorigny sont, comme on le voit, un peu en contradiction, car le premier dit que le roi d'Angleterre donna à Rotrou Moulins seulement et à Richer de Laigle Bonmoulin, mais nous n'hésitons pas à adopter la version d'Orderic : 1° parce que ce chroniqueur termina le XIIIe livre de son histoire dans lequel se trouve ce passage, entre juin 1141 et le 16 février 1142 (cours de M. S. Luce à l'école des Chartes), par conséquent peu de temps après le fait qu'il raconte, tandis que Robert de Thorigny qui ne commença à écrire qu'en 1150, n'est un narrateur original qu'à partir de cette époque et simple compilateur jusque-là ; 2° parce que nous apprenons par Robert de Thorigny lui-même qu'en 1152 Bonmoulin appartenait à Richer de Laigle : « *Exinde rediens [dux] in Normanniam et affligens Richerium de Aquila, qui hostibus ejus auxilium ferebat, coegit eum de pace tenenda obsides dare, et munitionem Bonomolini ubi raptores et excommunicatos receptabat, igni tradidit.* » (Robert de Thorigny, éd. Delisle, I. 268.)

d'Angleterre; elle périt dans le fameux naufrage de la Blanche-Nef en 1120, ayant eu une fille, Philippe, qui épousa Hélie d'Anjou, frère de Geoffroy Plantagenet, et une autre fille nommée Félicie.

Rotrou se remaria à Harvise, fille d'Edouard d'Evreux, comte de Salisbury (1), dont il eut *Rotrou*, qui lui succéda, *Etienne*, chancelier de Sicile et archevêque de Palerme, et un autre fils, nommé *Geoffroy* (2). L'Obit d'Harvise est inscrit au nécrologe de N.-D. de Chartres sous le nom d'*Amicia* (3). Elle est nommée *Amica* dans une charte copiée par Duchesne (voy. notre charte n° 4).

Cette dernière, ayant survécu à son mari, épousa en secondes noces le troisième fils de Louis-le-Gros, Robert de France, comte de Dreux (4), qui pendant la minorité de son beau-fils, dont il était probablement baillistre (5), porta le titre de comte du Perche et en exerça les droits. Un passage de Robert de Torigni (6) prouve que Robert jouissait encore du comté du Perche en 1151; l'Art de vérifier les Dates (7) dit même qu'il garda ce titre

----

(1) Le père de la comtesse Harvise, nommé Edouard, comte de Salisbury, par les historiens du Perche, est nommé « Edouard ou Gautier d'Evreux, baron de Salisbury » par M. le comte de Mas-Latrie (Trésor de Chronologie, col. 1658); il n'était certainement que baron de Salisbury, cette ville, située dans le Wiltshire, n'en étant pas primitivement la capitale et n'ayant été érigée en comté que plus tard, en faveur de Patrick d'Evreux, qui est indiqué comme premier comte de Salisbury en 1153 (A help to english history, by P. Heylyn, London, 1680, p. 465) et qui devait être fils ou petit-fils du père de la comtesse du Perche. Cette première maison d'Evreux était une branche cadette de celle des ducs de Normandie. (Trésor de Chronologie, col. 1597.)

(2) L'Art de vérifier les Dates (XIII, 179) l'identifie, d'après Hugues Falcand (hist. sicil.), avec Geoffroy, baron de Neubourg, qui vivait en 1169. C'est possible, quoique nous n'en ayons pas trouvé de confirmation, mais si Hugues Falcand dit seulement que ce Geoffroy, baron de Neubourg, descendait des comtes du Perche, nous le croirions plutôt fils ou petit-fils de Marguerite du Perche et d'Henri de Beaumont-le-Roger, seigneur de Neufbourg et comte de Warwick

(3) Cartul. de N.-D. de Chartres, I, p. 222.

(4) *In illa obsidione [Rhotomagi] mortuus est comes Perticensis Rotrodus, relinquens duos filios parvulos Rotrodum et Gaufridum. Uxorem vero suam postea Ludovicus rex Francorum dedit Roberto fratri suo.* (Robert de Thorigni, an 1144, éd. L. Delisle, I, p. 234.)

(5) Depuis le xiᵉ siècle, d'après le droit féodal français, le plus proche parent de tout mineur orphelin possédant fief, en était le *baillistre* : à ce titre il devait d'une part acquitter les charges et obligations, et d'autre part, exercer les droits inhérents au fief ou aux fiefs du mineur dont il avait le bail.

(6) Ed. L. Delisle, I, 254.

(7) XIII, 179.

toute sa vie, et Bry cite deux chartes de Saint-Denis de Nogent-le-Rotrou datées de 1180 et où Rotrou IV et Robert de France prennent l'un et l'autre le titre de *comte du Perche*. Rotrou III mourut en avril 1144, en faisant avec Geoffroy d'Anjou le siège de Rouen (1).

§ 3. Rotrou IV, 3ᵉ comte du Perche, 1144; † 1191.

Rotrou IV succéda jeune à son père sous la tutelle d'Harvise, sa mère, et de Robert de France, son beau-père.

Robert de Torigni (2) nous apprend qu'en 1158, Rotrou IV rendit au roi d'Angleterre Henri II, les châteaux de Moulins et de Bonmoulin qui étaient du duché de Normandie et dont, après la mort du roi Henri Iᵉʳ, le comte Rotrou, père de Rotrou IV, s'était emparé, en quoi il se trompe, car nous avons vu (3) qu'Étienne de Blois avait donné Moulins à Rotrou III et Bonmoulin à Richer de Laigle (4); il ajoute qu'Henri II accorda (probablement en échange) au même Rotrou le château de Bellême, dont ce dernier lui fit hommage (5).

Rotrou, veuf avant la fin de janvier 1190 (6) de Mahaut, fille de Thibaut-le-Grand, comte de Champagne, Chartres et Blois, et de Mahaut de Carinthie, mourut au siège de Saint-Jean d'Acre en 1191. Il avait eu pour fils : *Geoffroy* qui lui succéda au comté du Perche; *Étienne*, duc de Philadelphie; *Henri*, qui, d'après Souchet (7), fut vicomte de Mortagne et épousa une femme nommée Géorgie dont il eut Hugues et Adelaïs ou Alice morts jeunes;

(1) Voy. la note 4 de la page 50 ci-dessus.

(2) Voy. la note 2 de la p. 49.

(3) Voyez ci-dessus, p. 49.

(4) Nous avons vu (p. 49, note 2) que Moulins appartenait à Richer en 1152 et ne savons comment il était venu en possession de Rotrou IV; peut-être ce dernier en avait-il la suzeraineté et Richer le domaine utile.

(5) Nous ne savons si l'hommage du château de Bellême fut exigé par les ducs de Normandie qui suivirent, mais Philippe-Auguste s'étant emparé de la Normandie quarante-six ans après et recevant comme roi de France l'hommage du comté du Perche, y compris Bellême, n'eut pas intérêt à exiger comme duc de Normandie un hommage distinct pour le château de Bellême.

(6) Voy. aux pièces justificatives, la charte nᵒ 1.

(7) Hist. de Chartres, I, p. 93 et suiv.

Rotrou, évêque de Châlons-sur-Marne en 1190, mort en 1201 ; *Guillaume*, aussi évêque de Châlons-sur-Marne et dernier comte du Perche de sa famille ; *Thibaut* inconnu des historiens du Perche, mentionné comme fils de Rotrou, mais sans autre qualification, dans une charte de décembre 1196 (1), doyen de Saint-Martin de Tours, en 1197 et 1209, et remplacé dans cette dignité en 1211, d'après le *Gallia Christiana* (2). L'Art de vérifier les Dates attribue encore à Rotrou une fille nommée *Béatrice*, femme, suivant Ménage, de Renaud III, seigneur de Châteaugontier ; Souchet lui en donne encore une autre, religieuse à Belhomer d'après les titres de ce prieuré et nommée *Oraine*.

§ 4. Geoffroy V, 4ᵉ comte du Perche, 1191 ; † 5 avril 1202. n. st.

Geoffroy est cité avec sa femme Mahaud dans la charte de fondation du Val-Dieu, donnée par son père en 1170 et publiée en partie par Bry (p. 198), ce qui prouve qu'il se maria deux fois, car nous lisons dans l'Art de vérifier les Dates qu'il avait épousé en 1189 (3) (suivant Imhof, Mathilde, fille de Henri le Lion, duc de Bavière, de Saxe et de Brunswick, et de Mathilde d'Angleterre ; cette seconde femme de Geoffroy lui survécut et épousa en secondes noces Enguerrand III, sire de Couci ; ce dernier prit le titre de comte du Perche pendant la minorité de son beau-fils Thomas (4).

Les châteaux de Moulins et de Bonmoulin, que Rotrou avait rendus à Henri II en 1158, furent restitués à Geoffroy V, comte du Perche, par le traité conclu en 1194, entre Jean-sans-Terre et Philippe-Auguste (5) ; mais il est dit expressément que le comte du Perche devrait tenir ces fiefs de son donateur.

(1) Cartul. de N.-D. de Chartres, I, 254.

(2) T. XIV, col. 178.

(3) M. le comte de Mas-Latrie (trésor de Chronol., col. 1658) ne fait qu'une seule personne des deux femmes de Geoffroy V, mais cela n'est pas possible, car le duc de Bavière n'ayant épousé Mathilde d'Angleterre qu'en 1168, leur fille ne pouvait en 1170 comparaître dans une charte comme étant déjà mariée.

(4) Il y a au trésor des Chartes une charte de juin 1205 émanée de lui où il se qualifie *Ingorannus comes Pertici*. J. 350, nᵒ 15, pub. par M. Teulet : Layettes du trésor des Chartes, I, p. 292 ; Bry en mentionne d'autres semblables, p. 243.

(5) *Littera Johannis comitis Morethonii fratris Richardi regis An-*

Nous trouvons dans l'*Orne pittoresque* (p. 231) et dans Pitard (p. 326), que Philippe-Auguste, confisquant en 1204 les biens de Jean-sans-Terre, s'empara de la Marche (1) avec promesse de la rendre aux comtes du Perche si elle se trouvait leur appartenir, et en laissa la jouissance au comte Thomas pendant sa vie ; enfin que ce dernier étant mort en 1217, Louis VIII conserva la Marche. Cela est confirmé par l'hommage du comté du Perche par Guillaume, évêque de Châlons, en juin 1217 (2), par lequel nous voyons que le roi de France était alors en possession de Moulins et Bonmoulin, qu'il devait s'enquérir si le comte du Perche y avait droit ; et que, s'il découvrait qu'ils appartinssent à ce dernier, il les lui rendrait à la condition que ces châteaux et leurs dépendances fissent retour au roi et à ses héritiers après la mort du comte du Perche.

La Marche, ou plutôt les châtellenies de Moulins et Bonmoulin, n'ont donc jamais été incorporées au comté du Perche, dont elles ne furent qu'une appendance passagère comme possession de nos anciens comtes.

Geoffroy et son épouse Mathilde donnèrent des terres en partage à Étienne du Perche après 1193, comme le prouvent deux chartes du prieuré de Chêne-Gallon (3) ; nous avons vu plus

glia, de conventionibus inter se et Philippum regem Franciæ initis. —
..... *Comes vero Pertici habebit in Normannia castella de Molins et Bomolins cum pertinenciis suis.* ..... *Comes vero Pertici tenebit a me Molins et Bomolins.* Paris, janvier 1194, n. st. Teulet, layettes du trésor des Chartes, I, 175.

(1) Le vieux mot français *marche* défini par du Cange : *terminus, limes seu fines cujusque regionis,* était synonyme de frontière ou de zône frontière ; Alençon était dans la marche normande du côté du Maine ; mais la seule région de nos environs à laquelle sa position ait fait donner le nom de Marche est celle qui servait de frontière à la Normandie du côté du Perche et comprenait Moulins (nommé aujourd'hui encore Moulins-la-Marche), Bonmoulin, et peut-être le Mesle et Sainte-Scolasse. La liste des fiefs de Normandie prouve que la seigneurie de Moulins et Bonmoulin réunis comprenait, outre ces deux châteaux, la suzeraineté de dix fiefs de chevalier ou pleins-fiefs de haubert, et était elle-même un plein-fief de haubert, obligeant son possesseur au service d'un chevalier vis-à-vis du seigneur de Séez (qui n'était autre alors que le duc de Normandie), et non au service de dix chevaliers, comme le dit Odolant-Desnos. « *Feoda Sagii : ..... comes Pertici tenet Molins et Bonmoulins feod. X mil. per servitium unius.* » (Du Chesne : *Historiæ Normannorum scriptores antiqui.*)

(2) Voy. pièce justificative nᵒ 5.

(3) Charte datée du 4 des ides de février 1193, octroyée au prieuré de Chêne-Gallon (paroisse de Bellavilliers) par *Gaufridus Perticensium comes* qui donne un denier par jour sur chacun de ses châteaux. Charte de Geoffroy, comte du Perche, et de la comtesse Mathilde confirmant la donation de 1193 et nommant les châteaux qui n'étaient qu'indiqués en

haut (p. 27) qu'Etienne donna à l'église de N.-D. de Chartres 50 s. de rente à prendre sur la prévoté de Nonvilliers, ce qui ferait croire que cette châtellenie faisait partie des terres qui lui avaient été assignées par son frère.

Etienne était aussi seigneur de terres à Mittainvilliers (1) comme le prouve une charte du cartulaire de Saint-Père (p. 670); créé duc de Philadelphie par l'empereur Beaudouin après la prise de Constantinople par les croisés (avril 1204), il mourut au siège d'Andrinople, le 14 avril 1205 (n. st.), trois ans après son frère (2), et ce qu'il pouvait avoir revint sans aucun doute à son neveu Thomas.

Geoffroy V servit à Philippe-Auguste de caution vis-à-vis de Thibaut, comte de Troyes, pour l'exécution du traité conclu en avril 1198 par lequel le roi admit Thibaut à lui prêter l'hommage lige (3).

Nous voyons Geoffroy mentionné comme vassal et caution du roi de France dans le traité conclu au mois de mai de l'an 1200 entre Jean-sans-Terre et Philippe-Auguste (4).

L'auteur de l'Art de vérifier les Dates établit, d'après Villehardouin, que Geoffroy mourut au carême de l'an 1202, étant sur le point de retourner à la croisade (5), et son obit étant inscrit à la

---

bloc dans la première : « *Scilicet in Corboneto in quatuor castellis, in Mauritania, in Longo-Ponte, in Mauris et in Domo-Mausigii; et similiter in Bellesmeo in quatuor castellis : Bellismo, Tillio, Petraria, Monte-Isemberti, item in aliis sex castellis Nogento, Riverio, Montelandun, Ferraria, Longoviterio, Monte-Igneio;* » ils ajoutent que cette première donation de 1193 avait été faite : « *antequam charissimo fratri nostro Stephano terræ nostra pars a nobis esset assignata.* » Une copie de ces deux chartes se trouve dans le ms. 24 de la collect. Duchesne à la B. N., p. 459; Bry, p. 206, les a citées et donne un fragment de la seconde; M. des Murs, p. 498, en a publié la traduction d'après la copie que Courtiu en a laissée dans son histoire ms. du Perche.

(1) Mittainvilliers, canton de Courville, ne faisait pas partie de la province du Perche.

(2) Ville-Hardouin, éd. de Wailly, p. 213.

(3) Arch. nat., J 198, n° 4, publié par M. Teulet, lay. du trésor des Chartes, I, p. 196.

(4) Le Goulet. Mai 1200 (avant le 25). *Litteræ Johannis regis Angliæ de pace inita inter se et Philippum Franciæ regem.* (Arch. nat., J. 628, n° 4, orig. scellé) ... *Dominus quoque rex Franciæ similiter dedit nobis securitates de hominibus suis subscriptis : scilicet : comite Roberto Drocarum, Gaufrido comite Pertici, Gervasio de Castello, etc., qui similiter hoc modo juraverunt quod cum omnibus feodis suis ad nos venirent si dominus rex Franciæ non teneret hanc pacem sicut est divisa.* Publié par M. Teulet, lay. du trés. des Ch., I, 218.

(5) Voici ce passage de Ville-Hardouin, d'après l'éd. de M. de Wailly, p. 28 : « *Ensi s'atornerent parmi totes les terres li pelerin. Ha las! con grans domages lor avint, et quaresme après, devant ce que il durent*

date des nones d'avril dans le cartulaire de N.-D. de Chartres, cette dernière date, qui correspond au 5 avril, est certainement celle du jour de sa mort.

La liste des châteaux qui nous est donnée par la charte de Chêne-Gallon est importante et montre combien les anciennes divisions administratives étaient encore vivantes au XIIe siècle : en effet les quatre premiers châteaux, indiqués comme se trouvant dans le Corbonnais, sont compris dans la partie de l'archidiaconé de Corbon qui avait formé le doyenné de Corbon, les quatre suivants sont dans le doyenné de Bellême ou dans son démembrement postérieur de la Perrière, enfin les six derniers, dont la situation spéciale n'est pas indiquée, sont dans la partie chartraine du Perche : dans les doyennés du Perche et de Brou. Le comté du Perche semble dès lors formé définitivement, et tel à peu près qu'il subsista tant que dura le régime féodal, tel que les aveux des quatre derniers siècles de la monarchie nous le montreront en détail.

On pourrait être surpris de ne pas voir figurer dans cette énumération l'important château de Regmalart, puisqu'en 1078 (voir page 43) il faisait partie des fiefs de Rotrou II et que les aveux du XVe siècle le placent aussi dans le comté du Perche ; mais cette omission s'explique parfaitement, car les châteaux énumérés par Geoffroy sont ceux qui faisaient partie de son domaine et le château de Regmalart fut toujours inféodé.

Nous devons également remarquer que nous ne trouvons que les seigneuries de Regmalart, Tourouvre et Randonnai qui fassent

moroir ; que li cuens Joffrois del Perche s'acocha de maladie, et fist sa devise en tel manière que il comanda que Estenes ses frères aust son avoir et menast ses homes en l'ost. De cet eschange se soffrissent mult bien li pelerin, se Diex volsist. Ensi fina li cuens et morut, don granz domages fu ; et bien fu droiz, car mult ere huls ber et honorez, et bons chevaliers. Mult fu grans diex par tote sa terre. »

Il est dit dans l'Art de vér. les Dates qu'on ne peut douter qu'il y ait erreur dans la date du 28 avril 1205, apposée à une charte de ce comte en faveur de l'abbaye de Tiron que l'historien du Perche [Bry] a transcrite en entier (p. 208-13) ; nous avons en vain cherché cette charte dans le cartul. de Tiron, ce qui ne serait pas une raison suffisante pour la regarder comme fausse, puisque le cartul. original avait été rédigé au XIIe siècle, et que les pièces dont l'éditeur l'a fait suivre sont la reproduction de chartes dispersées dans divers dépôts et entre lesquelles il peut se trouver des lacunes ; mais la charte publiée par Bry a plusieurs points de ressemblance avec les chartes fausses publiées par M. Merlet comme spécimen, entre autres les longues énumérations de terres ; puis elle contient la mention d'une foule de droits dont la donation par le comte du Perche est très peu probable ; parmi les témoins est indiqué un Pierre de Longny qui ne peut être que le personnage de ce nom qui vivait au XIVe siècle. Il nous semble certain que cette charte est fausse.

de ce côté partie du comté du Perche, en dehors des limites de
l'archidiaconé de Corbon; de même que les châteaux de Bellou-le-
Trichart et de Ceton sont les seuls qui fassent partie de ce même
comté dans le diocèse du Mans.

§ 5. Thomas, 5ᵉ comte du Perche, 5 avril 1202 n. st.; † 20 mai 1217.

Geoffroy V avait eu au moins trois fils : *Geoffroy* (1), *Thomas*
et *Thibaut*. Geoffroy dut mourir jeune, car Thomas resta seul
maître du comté du Perche, et Thibaut, doyen de Saint-Martin
de Tours en 1197 et 1209, ne jouissait plus de cette dernière
dignité en 1211 (2) et mourut certainement avant 1217 puisque
ce ne fut pas lui qui hérita de son frère Thomas, mais leur oncle
Guillaume.

Thomas, comte du Perche, avec l'assentiment de Renaud, évêque
de Chartres, comme seigneur suzerain, fit en mars 1212 au roi
de France la promesse de lui livrer, quand il le désirerait, la
forteresse de Marchainville 3 . Au mois de mars 1217, Guillaume
du Perche, évêque de Châlons, donnait au roi une nouvelle
charte pour reconnaître cette promesse de son neveu (4). Le roi
dut se faire remettre Marchainville par les héritiers du comte
Guillaume en 1226, et en disposer peu après, car dès 1229, nous
voyons Etienne de Sancerre en rendre aveu à l'évêque de Chartres (5); cette châtellenie, qui n'avait été qu'une appendance du
comté du Perche, s'en trouva dès lors distraite comme celles de
Moulins et Bonmoulin, mais tandis que ces deux dernières
étaient réunies au domaine du duché de Normandie dont elles
relevaient et firent ensuite partie de la province de Normandie,
la châtellenie de Marchainville, inféodée dès 1229, conserva comme
législation la coutume du Perche et fit partie de la province du
Perche.

Thomas fut tué à la bataille de Lincoln, le 20 mai 1217, sans
laisser d'enfants d'Hélissende, sa femme, fille d'Hugues II, comte

(1) Ce Geoffroy devait être l'aîné, car il est seul nommé dans une charte
de décembre 1196 du cartul. de N.-D. de Chartres, I, p. 254,
(2) Gallia Chr. t. XIV, col. 178.
(3) Voy. la pièce justificative nᵒ 2.
(4) Voy. pièce justificative nᵒ 4.
(5) Voy. la partie de nos pièces justificatives relative à Marchainville.

de Réthel, et de Félicité de Beaufort ; Hélissende était remariée
en 1227 à Garnier de Toiange, seigneur de Marigny, et gardait
le titre de comtesse du Perche (1).

Nous avons trouvé dans les pièces originales du Cabinet des
Titres de la Bibliothèque Nationale une généalogie, assez inexacte
d'ailleurs, des comtes du Perche et d'après laquelle Thomas,
comte du Perche, et « Helise » de Rethel auraient eu un fils,
nommé aussi Thomas du Perche, baptisé en l'église de Nogent-
le-Rotrou le 20 mars 1215, marié à Londres le 6 mars 1244 à
Catherine Lesmaye, dont il aurait eu un fils, Joseph Thomas du
Perche, marié lui-même à Londres en 1272. Il nous semble difficile d'admettre que ce Thomas du Perche, s'il a existé, ait été fils
légitime du comte du Perche, car en supposant même tout amour
maternel éteint chez Hélissende de Réthel, ce qui est peu probable,
elle aurait eu le plus grand intérêt à se faire donner le bail et
garde noble de son fils, âgé de deux ans, ce qui lui laissait la
possession du comté du Perche jusqu'à la majorité de ce fils.

Hélissende de Réthel avait eu en douaire le château de Mortagne et Mauves, car saint Louis les donna en douaire à la reine
Marguerite lors de son mariage avec elle en 1234, avec les mêmes
droits qu'y avait la comtesse du Perche, au moment où elle mourut (2 ; ce qui prouve que la comtesse du Perche était morte
entre 1227 et 1234.

(1) Ja. 1227. *Garnerius de Triangulo dominus de Marigniaci et
Helissendis uxor ejus Perticensis comitissa* (trésor des Chartes, J. 195, nᵒ 11,
pub. par M. Teulet, II, p. 118). M. Teulet dans l'analyse qu'il donne de cette
charte a traduit *Triangulum* par *Trainel*, mais nous avons cru devoir
adopter pour le nom du deuxième mari d'Hélissende de Rethel la forme
donnée par M. le comte de Mas-Latrie dans son Trésor de Chronologie,
col. 1669, cet ouvrage, publié l'année dernière, devant être au courant des
plus récentes découvertes de l'érudition.

(2) Paris, juin 1260. — « *In nomine... Ludovicus... notum facimus...
quod cum karissime uxori nostre Margarete regine Francorum dedissemus et concessimus in dotalicium quando eam duximus in uxorem,
civitatem Cenomannensem... necnon castrum Mauritanie et Mauvas sicut
comitissa Pertici tenebat tempore quo decessit, salvis fructis et elemosinis
in eisdem et postmodum dedissemus et assignassemus pro parte terre
karissimo fratri et fideli nostro Karolo comiti Provincie... una cum
quibusdam aliis, predictam civitatem Cenomannensem...* » Le roi assigna un autre douaire à la reine en échange du premier. — Arch. nat.,
JJ 30 a, nᵒ 407, fᵒ 138, pub. par MM. Teulet et de Laborde, lay. du trésor des
Chartes, III, 535.

58

§ 6. Guillaume, évêque de Châlons-sur-Marne, 6ᵉ comte du Perche, 20 mai 1217; † 18 février 1226, n. st.

Guillaume, évêque de Châlons-sur-Marne depuis 1215, succéda
à son neveu Thomas dans le comté du Perche (1); il en rendit presque aussitôt hommage au roi de France; l'acte qui le constatait fut
dressé à Melun au mois de juin 1217 et transcrit dans un des
registres du trésor des Chartes (2); l'hommage rendu par le comte
du Perche était l'hommage simple, car Guillaume n'appelle le roi
son seigneur lige qu'en parlant de Moulins et Bonmoulin, qui
étaient un fief lige du duché de Normandie.

Un peu plus d'un an avant sa mort, en octobre 1224, le comte
du Perche avait fait rédiger une note établissant sa parenté avec
Blanche, comtesse de Champagne, et Bérengère, reine d'Angleterre 3, et ce qui est assez curieux c'est qu'il y dit que Marguerite,
reine de Navarre, aïeule de Blanche, et Rotrou, comte du Perche,
son aïeul à lui, étaient frère et sœur, tandis que les documents et
historiens s'accordent pour prouver que Marguerite était fille de
Julienne du Perche et de Gilbert de Laigle et par conséquent
nièce et non sœur du comte Rotrou.

Cette pièce prouve que la succession de l'évêque de Châlons
préoccupait déjà la comtesse de Champagne, mais elle ne fut pas
la seule à la réclamer : de nombreux compétiteurs se présentè-
rent et la valeur de leurs droits respectifs, les arrangements qui
intervinrent entre eux, enfin la réunion du Perche au domaine de
la couronne, constituent un des points de l'histoire du Perche
les moins étudiés jusqu'ici malgré leur importance; nous y con-
sacrerons le chapitre suivant.

Guillaume donna en juillet 1221, pour les tenir après sa mort,

---

(1) Quelques auteurs avaient pensé que Guillaume n'avait été comte
du Perche que comme tuteur d'une fille de Thomas, nommée Hélisende : cette Hélisende n'est autre que la femme de Thomas, qui garda,
comme nous l'avons vu, le titre de comtesse du Perche après la mort
de son mari. Une bulle de 1218 du pape Honoré III insérée dans le
cartul. des Clairets, p. 595, et dont une copie se trouve dans les notes
de Dallier, à la bibl. de Nogent-le-Rotrou, contient ces mots relatifs à
Guillaume, comte du Perche : « *Supradictus episcopus qui eidem Tho-
mæ jure hereditario successit.* »

(2) Voy. la pièce justificative nᵒ 5.

(3) Voy. la pièce justificative nᵒ 7.

à Isabelle, comtesse de Chartres et dame d'Amboise, Montigny-le-Chétif et ses dépendances et dans le cas où cette terre ne rapporterait pas 100 livres tournois par an, le droit de parfaire cette somme sur les terres voisines appartenant au comte Guillaume. Il était stipulé qu'après la mort d'Isabelle ou après celle de ses enfants si elle en avait, l'objet de la donation ferait retour aux héritiers de Guillaume (voy. pièce justif. n° 6).

L'art de vérifier les dates fait mourir Guillaume, comte du Perche, le 18 janvier 1226 (n. st.), mais une note du cartulaire de la Trappe (1) nous apprend, d'après un obituaire de l'église de Châlons-sur-Marne (2), que cet évêque décéda le 12 des calendes de mars (18 février 1226 n. st.).

(1) Cartulaire de l'abbaye de la Trappe, au diocèse de Séez, publié par la Société historique et archéologique de l'Orne, p. 7, note 2 ; nous croyons cette note due à M. H. Stein, qui collaborait alors à la publication de ce cartulaire.

(2) Obituaire de l'église de Chalons-sur-Marne, publié en 1883, à Paris, par le comte E. de Barthélemy.

ABLEAU indiquant la parenté qui existait entre Guillaume comte du Perche et ses différents héritie[rs]

ROTROU II
comte de Mortagne
vicomte de Châteaudun, seigneur
de Nogent, † vers 1079
ép. Adèle de Domfront

GEOFFROY IV
1er comte du Perche
1079; † 1100
ép. Béatrice de Roucy

HUGUES IV
Capellus
7e vicomte
de Châteaudun
1079; † 1110
ép. Agnès
de Fréteval

ROTROU I
seigr de Mont[fort]
† vers 113[.]
ép. Lucie de G[.]

ROTROU III
2e comte du Perche 1100; † 1144
ép. A Mahaut d'Angleterre
B Harvise de Salisbury
remariée à Robert de Dreux, aïeule de Pierre Mauclerc

Julienne
du Perche
ép. Gilbert
seigneur de Laigle

GEOFFROY IV
8e vicomte
de Châteaudun
1110; † avant 1145
ép. Héloïse
de Mondoubleau

ROTROU I[I]
seigr de Mont
1130; † 11[.]
ép. Burgon[.]

B ROTROU IV
3e comte du Perche
1144; † 1191
ép. Mahaut de Champagne

A *Philippe*
du Perche
ép. Hélie d'Anjou
† 1151

Lucie
de Laigle
ép. Richard Ier
vicomte
de Beaumont-
au-Maine

Marguerite
de Laigle
ép. Garcie IV
Ramirez
roi de Navarre
1134; † 1150

HUGUES V
9e vicomte
de Châteaudun
1145; † 1165
ép. Marguerite

ROTROU
seigr de Mont
1181; † 123[.]

GEOFFROY V
4e comte du Perche
1191; † 1202
ép. Mahaut
de Bavière

Béatrice
du Perche
ép. Renaud III
seigneur
de Châteaugontier

GUILLAUME
évêque de Châlons
6e comte du Perche
1217
† le 18 février 1226
de cujus

Béatrice
d'Anjou
ép. Jean
de Montgommery-
Bellême
comte d'Alençon

RAOUL
vicomte
de Beaumont

GUILLAUME
de Beaumont
évêque d'Angers

SANCHE VI
le Sage
roi de Navarre
1150; † 1194
ép. Sanche
de Castille

Blanche
de Navarre
ép. Sanche III
roi de Castille
1157; † 1158

GEOFFROY V
11e vicomte
de Châteaudun
1190-1215
ép. Alice de Fréteval

THOMAS
5e comte du Perche
1202; 1217
mort sans enfants
ép. Hélissende
de Rethel
comtesse douairière
du Perche
† en 1230 ou 1231

ALARD III
seigneur
de Châteaugontier
† avant mai 1226

Ele ou Alice
d'Alençon
ép. Hugues II
vicomte
de Châtellerault

Philippe
d'Alençon
ép. A Robert Malet;
B Guillaume
de Roumare

ELE
d'Alençon
dame d'Almenèches
ép. Robert Tesson

BLANCHE
de Navarre
ép. Thibaut III
comte
de Champagne
† 1201

BÉRENGÈRE
de Navarre
† après 1229
ép. Richard
Cœur-de-Lion
roi d'Angleterre

ALPHONSE III
roi de Castille
1158; † 1214
ép. Eléonore
d'Angleterre

GEOFFROY VI
12e vicomte
de Châteaudun
1215-1218

ALICE
dame
de Fréteval
ép. Hervé
de Gallardon

JACQUES
seigneur
de Châteaugontier
mineur en 1226
ép. Harvise
de Montmorency

EMERY III
vicomte
de Châtellerault

A ROBERT
ou ROBIN MALET
seigneur de Graville
chr banneret

THIBAUT IV
comte
de Champagne
puis
roi de Navarre

BLANCHE
de Castille
† 1252
ép. Louis VIII
roi de France
† le 8 nov. 1226

CHAPITRE III

SUCCESSION DU PERCHE

¿ 1. Liste des prétendants à la succession.

Voici d'abord la liste de toutes les personnes qui, à notre connaissance, vinrent réclamer une part quelconque dans la succession du comte du Perche. Nous les distinguerons en trois groupes, d'après la part qu'ils eurent et les traités qui intervinrent entre eux.

Dans le premier : le roi de France *Louis VIII*, aux droits de Blanche de Castille, sa femme;

Dans le second : *Jacques de Châteaugontier*, encore mineur, dont Amaury de Craon, sénéchal d'Anjou, avait le bail; il était petit-fils de Béatrice du Perche, sœur du comte Guillaume, et par conséquent petit neveu de ce dernier;

Dans le troisième : *Ele, dame d'Almenesches*, sœur de Robert, dernier comte d'Alençon de la maison de Montgommery, et ses neveux, *Emery de la Rochefoucaud*, seigneur de Châtellerant (fils d'une autre Ele ou Alice d'Alençon et d'Hugues II, vicomte de Châtellerant), et *Robert Malet* (seigneur de Graville, fils de Philippe d'Alençon et de Robert Malet); la mère et aïeule de ces trois personnages, Béatrice d'Anjou, était fille de Philippe du Perche, tante du comte Guillaume, avec lesquels ils avaient ainsi une parenté très proche que nous n'avons vue indiquée par aucun des historiens du Perche.

Raoul, vicomte de Beaumont et de Sainte-Suzanne, et *Guillaume de Beaumont*, évêque d'Angers, tous deux fils de Lucie de Laigle (fille elle-même de Julienne du Perche) et cousins issus de germains du *de cujus;*

Blanche de Navarre, comtesse de Champagne, et sa sœur,

Bérengère de Navarre, reine d'Angleterre, toutes deux descendantes au quatrième degré de Geoffroy IV, comte du Perche ;

Geoffroy VI, vicomte de Châteaudun, sa sœur *Alice de Châteaudun*, dame de Fréteval, mariée à Hervé de Gallardon, et *Rotrou III, seigneur de Montfort-le-Rotrou*, descendants tous les trois de Rotrou II, comte de Mortagne et vicomte de Châteaudun et seuls agnats du *de cujus* ;

Hugues le Trouvère, seigneur de la Ferté-Bernard, dont nous n'avons encore pu découvrir la parenté avec la maison du Perche (1).

Le roi Louis VIII était assez proche parent du dernier comte du Perche : en effet, Rotrou IV, père de ce dernier, et Louis VII, aïeul du roi, avaient épousé les deux sœurs Mahaut et Alice de Champagne ; mais comme les biens retournaient à la famille d'où ils étaient venus, et que les biens composant la succession du comte du Perche ne venaient pas de la maison de Champagne, cette parenté ne pouvait donner aucun droit au roi de France, et nous voyons que les descendants des frères et sœurs d'Alice et de Mahaut de Champagne ne vinrent rien réclamer ; la réunion à la couronne de la seigneurie du comté du Perche et d'une partie du domaine dont la propriété utile appartenait aux comtes du Perche, restait donc inexpliquée. Une pièce du Trésor des Chartes (2), (autorisation accordée par Blanche de Castille pour un transfert de reliques qui se trouvaient dans le château de Bellême), nous a mis sur la voie, et cherchant dans l'*Art de vérifier les Dates* la suite des ascendants de la reine Blanche, nous avons trouvé qu'elle descendait au cinquième degré de Geoffroy, comte du Perche 3, et que son père, Alphonse, roi de Castille, était cousin-germain de Blanche de Navarre, comtesse de Champagne, et de sa sœur Bérengère et parent au même degré qu'elles du dernier comte du Perche. Ce qui est assez curieux, c'est que cette filiation qui explique d'une façon toute naturelle les droits de saint Louis sur le Perche soit restée jusqu'ici complètement inaperçue et qu'aucun historien n'en ait fait mention.

---

(1) Nous voyons par le traité d'Angers en 1251 (voy. pièce justificative n° 26), que Pierre Mauclerc, duc de Bretagne, petit-fils de Robert de France, comte de Dreux, et d'Harvise de Salisbury, veuve de Rotrou III, avait aussi émis des prétentions à la succession du comte Guillaume, mais la parenté utérine qu'il avait avec la maison du Perche ne lui donnait aucun droit sur cette succession et ses prétentions ne furent admises par aucun des héritiers.

(2) Arch. nat. J 176, n° 12 ; Teulet : lay. du Tr. des Chartes, III, p. 109.

(3) Voyez le tableau généalogique placé en tête de ce chapitre.

§ 2. Premier lot : Part de Blanche de Castille, Reine de France.

L'abbé Fret (II, p. 405) parle d'une « transaction passée entre
Philippe-Auguste et le dernier comte titulaire en 1223 au sujet
de la réunion du comté du Perche au domaine de la couronne (1). »
Quoique nous n'ayons trouvé nulle part aucune trace de cette
transaction, on pourrait vraisemblablement supposer que le
comte Guillaume ait pris quelques dispositions en faveur de son
cousin-germain, le roi de France, et lui ait légué par exemple la
seigneurie de son comté et les domaines dont nous voyons le roi
s'emparer ; mais dans ce cas, on s'expliquerait difficilement que
Jacques de Châteaugontier venant, en 1257, réclamer au roi
Bellême, Mortagne, la Perrière, Mauves, Maison-Maugis et leurs
dépendances, le roi, muni d'un titre de propriété régulier, n'ait
pas invoqué ce titre vis-à-vis de lui et ait, au contraire, implicitement reconnu que les prétentions du réclamant n'étaient pas
sans fondement, en lui donnant Maison-Maugis et ses dépendances avec des terres au surplus pour parfaire la somme de
300 livres tournois de revenu annuel. Ce qui prouve également
que les droits du roi sur telle ou telle partie du Perche n'étaient
pas établis par un texte précis, c'est un passage du traité de
Vendôme (2) par lequel on voit que la propriété de Bellême et
de la Perrière n'était pas encore définitivement assurée au roi
en mars 1227.

Nous pensons plutôt que Louis VIII, avant ou après la mort du
comte du Perche, avait conclu une sorte de traité de partage, et
s'était fait promettre par ses cohéritiers qu'ils ne lui disputeraient

(1) L'abbé Fret cite comme source une *Dissertation ms. sur les prétentions réciproques de Mortagne et de Bellême au titre de capitale du
Perche. 1656.* M. Joseph Besnard, qui possède le ms. original de cette
dissertation, souvent citée par l'abbé Fret, a bien voulu nous la communi-
quer et nous y avons trouvé le passage sur lequel s'appuie l'abbé Fret et
où il nous semble avoir lu ce qui ne s'y trouve pas aussi clairement :
« Les historiens attribuent à Philippe-Auguste cette réunion [du Perche à
la Couronne], encore qu'il n'en ait point joui de son vivant, d'autant que le
dit Guillaume de Chaalons le survescut de 5 ans, mais c'est parce qu'il en
avait traité de la sorte avec le dit Guillaume. »

(2) Pièce justif. n° 16 ; il y est stipulé que si une revendication en justice obligeait le duc de Bretagne à se dessaisir de Bellême et de la Perrière que le roi lui donnait, ce dernier devrait l'indemniser.

pas la part assez large qu'il prit dans la succession ; les chartes
de Mathieu de Montmorency, d'avril 1226 et de juin 1227, font
une allusion évidente (1) à ce traité, dont nous n'avons trouvé
aucune trace, ni dans les archives, ni dans les historiens. Nous
n'avons trouvé d'autre traité du roi avec ses cohéritiers que celui
conclu trente ans après, en 1257, avec Jacques de Châteaugontier.

Nous avons maintenant à examiner en quoi consistait la part
dévolue, tant en *fiefs* qu'en *domaines* 2 , à la reine de France, et
en son nom au roi Louis VIII.

Pour la *seigneurie* ou les *fiefs*, nous n'avons trouvé aucune
indication positive, mais il nous semble bien probable que le roi
qui était, comme roi de France, suzerain immédiat du comté du
Perche, devint, comme héritier de ce dernier, suzerain des feudataires dont le comte du Perche reportait l'hommage à la Couronne et de ceux de ses cohéritiers auxquels échurent des terres
(faisant partie du domaine des comtes du Perche) situées dans la
portion du comté mouvante de la Couronne, c'est-à-dire dans le
Corbonnais et le Bellêmois, car si ses cohéritiers avaient (comme
nous verrons qu'ils le firent pour la partie du Perche qui relevait
du comté de Chartres) choisi l'un d'entre eux comme aîné ou
seigneur, il serait étonnant qu'il n'en soit resté de trace ni dans
les documents ni dans la mouvance même de ces fiefs. En un
mot, nous croyons que le roi, comme comte du Perche, eut dès
lors pour vassaux : 1° tous les anciens vassaux du comte du Perche
qui étaient arrière-vassaux de la Couronne, et 2° ceux des héritiers du comte Guillaume qui eurent des terres démembrées de la partie du domaine mouvante de la Couronne. Ces terres furent : la châtellenie du Theil, celle de Maison-Maugis cédée à Jacques de Châ-

____

(1) Ces deux chartes, relatives à la succession du Perche, que nous publions dans notre 3ᵉ série sous les nᵒˢ 14 et 20, contiennent l'une et l'autre
cette phrase comme clause finale : « *Salea tamen promissione domino
regi facta.* »

(2) Presque tous les fiefs comprenaient deux parties très distinctes :
l'une était le domaine non inféodé, appelé dans l'usage simplement :
domaine, c'étaient les immeubles, droits féodaux, meubles, etc., dont le
seigneur avait gardé la *propriété utile*, il pouvait en jouir lui-même ou les
faire exploiter par un régisseur ou par un fermier, — l'autre était le
domaine inféodé ou les *fiefs et censives*, c'étaient les biens immeubles ou
droits de toute espèce dont le seigneur avait abandonné à perpétuité la
propriété utile en les donnant en fief, à cens ou à rente, et s'en réservant
seulement la *seigneurie* ou *domaine éminent*, ce n'était pas le seigneur,
mais le vassal ou le censitaire en possession de ces biens qui en avait la
jouissance moyennant l'obligation d'acquitter envers le seigneur les droits
stipulés par le contrat d'inféodation ou de bail conclu entre eux ou entre
leurs prédécesseurs et renouvelé à chaque génération.

La maitresse X... vers 1850

Fusain du Vicomte G. de Roncourt.

teaugontier en 1257, probablement une partie de celle de Mauves et celle de Longpont, enfin en dehors de l'ancien archidiaconé de Corbon, celle de Regmalart que nous voyons plus tard mouvante de Mortagne.

Quelle fut la part du roi dans le *domaine non inféodé* des comtes du Perche? La veuve du comte Thomas, dont le douaire était assigné sur Mortagne et sur Mauves, et qui vivait encore en juin 1230 (1), mourut probablement à la fin de 1230 ou en 1231, car le roi qui avait pris possession, dès 1226, de Bellême et de la Perrière et qui touchait, en 1227, les revenus de la prévôté de Maison-Maugis, touchait aussi en 1231 ceux des prévôtés de Bellême, la Perrière, Montisambert, Mortagne et Mauves (2); le roi avait ainsi trois des quatre châtellenies du Corbonnais et trois des quatre châtellenies du Bellêmois indiquées comme faisant partie du domaine des comtes du Perche par la charte de Geoffroy en faveur de Chêne-Gallon (3). Le partage de juin 1230, entre Jacques de Châteaugontier et le troisième groupe d'héritiers (1), dispose d'une partie de Mauves avec les prés, les vignes, les bois de Dambrai et toutes leurs dépendances après la mort de la comtesse du Perche, ce qui prouverait : soit que la question de savoir à qui appartiendrait Mauves n'était pas alors résolue en faveur du roi, soit que la prévôté de Mauves qui appartenait au roi en 1231 ne comprenait pas tout le ressort de l'ancienne châtellenie de Mauves.

Nous lisons dans l'*Orne pittoresque* (4) : « Dans les guerres qu'il fit à Thibaut de Champagne, saint Louis assiégea Mauves en personne. » Mais cette assertion n'est malheureusement appuyée de l'indication d'aucune source et ne se trouve pas dans les différentes histoires du Perche; elle nous semble difficile à concilier avec les récits si dignes de confiance de Guillaume de Nangis et de Joinville. Guillaume de Nangis, dès le début de son ouvrage, dit bien que le comte de Champagne prit part à la conspiration des barons contre le jeune Louis IX l'année même de son couronnement; puis, qu'il voulut encore se révolter contre le roi en 1235, mais il ajoute qu'il fit sa soumission, les deux fois, dès qu'il apprit que l'armée royale se mettait en route vers la Champagne.

Saint Louis donna, en 1269, à Pierre, son cinquième fils, Mortagne, Mauves, Bellême, la Perrière, avec leurs forêts et autres

---

(1) Pièce justificative, n° 22.

(2) Brussel : Nouvel examen de l'usage général des fiefs en France, p. 453.

(3) Voyez ci-dessus p. 53, note 3.

(4) Par MM. de La Sicotière et Poulet-Malassis, p. 109.

dépendances, et tout ce qu'il possédait dans le Perche : cette dernière partie de la donation désigne probablement la prévôté de Montisambert, qui figure au budget du comté du Perche pour les années 1252 et 1271 (1). Quant à la prévôté ou châtellenie de Maison-Maugis, le roi l'avait cédée à Jacques de Châteaugontier par transaction en 1257 ; mais nous serions porté à croire que cette cession n'était que la régularisation du fait accompli, et que Jacques en était déjà possesseur, car Maison-Maugis ne figure ni pour les recettes, ni pour les dépenses dans le budget de 1252 (1). Ce précieux document nous montre que la part du roi ne comprenait que deux forêts : celle de Bellême et celle de Réno qui désigne peut-être les forêts actuelles de Réno et du Perche.

§ 3. Deuxième et troisième Lots.

Examinons maintenant quelles parties du Perche furent dévolues aux deux autres groupes d'héritiers : Jacques de Châteaugontier, encore enfant, était sous le bail d'Amaury de Craon, sénéchal d'Anjou, et de plus Mathieu de Montmorency, connétable de France, qui lui fit plus tard épouser sa fille, défendait ses intérêts, traitait avec ses copartageants et lui servait de garant vis-à-vis d'eux.

En avril 1226, Mathieu de Montmorency et Dreux de Mello, seigneur de Loches, garantirent à la reine d'Angleterre et à la comtesse de Champagne que Jacques de Châteaugontier, lorsqu'il serait majeur, approuverait et scellerait le traité fait au sujet du comté du Perche et de ses dépendances et scellé par lesdites dames, par le vicomte de Châteaudun, le vicomte de Beaumont, Éla, sœur de Robert comte d'Alençon, et plusieurs autres. De plus, à la même époque, Mathieu de Montmorency cautionna Amaury de Craon, baillistre de Jacques de Châteaugontier, à peine de 300 marcs d'argent, pour l'exécution des conventions faites par Amaury avec la reine d'Angleterre et la comtesse de Champagne, au sujet du comté du Perche, sauve cependant la promesse faite au roi (2).

Enfin, Mathieu de Montmorency se fit fort, le 21 juin 1227, vis-à-vis de la comtesse Blanche et de ses copartageants, que Jacques de Châteaugontier ne réclamerait pas contre la saisine

(1) Voyez les pièces justificatives.
(2) Pièces justificatives n° 13 et n° 14.

qui leur avait été donnée de la moitié du comté du Perche, et de
ses dépendances et de toute la succession de Guillaume, évêque
de Châlons, comte du Perche, sauve cependant la promesse faite
au roi 1 .

A la tête du troisième groupe d'héritiers se trouvait Blanche
de Navarre, comtesse de Champagne, avec laquelle le comte
Guillaume avait indiqué sa parenté en 1224 ; dès le mois
d'avril 1226, elle fit avec cinq au moins de ses copartageants (2)
un traité moyennant lequel ils s'engageaient à tenir d'elle le lot
qui leur serait attribué dans la partie de la succession qui relevait
du comté de Chartres, moyennant quoi elle devait payer pour
eux le rachat au comte de Chartres la première fois seulement.

Au mois de mai de la même année les mêmes personnages
mandèrent à Amaury de Craon de donner à Bérengère, reine
d'Angleterre, à Blanche, comtesse de Troyes, et à Thibaut, comte
de Champagne, son fils, le cautionnement de 900 marcs d'argent
qu'il leur devait comme garantie de l'exécution des conventions
qui avaient été faites entre eux au sujet du comté du Perche (3 .

Au mois de juin 1227, Hervé, seigneur de Gallardon, et Alix
de Châteaudun, sa femme, abandonnèrent à la comtesse de
Champagne et à ses copartageants, ainsi qu'à Jacques de Châteaugontier et à ses copartageants tout ce qui leur appartenait dans
la succession de Guillaume, comte du Perche (4).

Jean, comte de Chartres et seigneur d'Oisy, et Isabelle, sa
femme, comtesse de Chartres et dame d'Amboise, reconnaissant
par une charte de juin 1227 en faveur de Blanche et de ses cohéritiers, les clauses de retour exprimées dans la donation de
Montigny-le-Chétif faite à Isabelle par le comte Guillaume du
Perche, parlent de l'hommage qui leur avait été rendu par
Blanche, comtesse de Champagne, à raison de la moitié du comté
du Perche (5 . Mais qu'elle était cette moitié du comté du Perche?
était-ce la part des second et troisième groupes d'héritiers que
nous verrons en 1230 se partager toute la partie du comté du
Perche qui relevait du comté de Chartres, opposée à la partie du
Perche qui répondait à l'ancien comté de Corbonais, relevant
nuement de la couronne et dont le roi s'était emparé presque

<hr>

(1) Pièce justificative nᵒ 20.

(2) Geoffroy vicomte de Châteaudun, Rotrou seigneur de Montfort au
Maine, Alix de Châteaudun dame de Fréteval, femme d'Hervé de Gallardon, Emery de Châtellerault, Hugues seigneur de la Ferté-Bernard;
voy. pièces justif. nᵒˢ 8 à 12.

(3) Pièce justificative nᵒ 15.

(4) Pièces justificatives nᵒ 17 et nᵒ 18.

(5) Pièce justificative nᵒ 19.

complètement? nous pensons plutôt que ce n'était que la moitié de ce territoire, c'est-à-dire la partie du lot attribué au troisième groupe d'héritiers qui se trouvait mouvante de Chartres (1), car

(1) La comtesse Blanche de Champagne en fut considérée comme l'aînée et chargée, par conséquent, de porter au suzerain la foi et l'hommage, grâce aux pactes faits par elle en 1226 avec ses cohéritiers, qui étaient ainsi devenus ses vassaux.

Nous trouvons ici un exemple frappant de ce fait que nous avons signalé ci-dessus (p. 32, note 2), à savoir que les seigneurs et les vassaux ne formaient pas deux classes distinctes; en effet, la comtesse de Champagne, acceptée par ses cohéritiers du troisième groupe comme leur dame, était à ce titre vassale du comte de Chartres, parce qu'une partie des terres attribuées à ce troisième groupe relevaient du comté de Chartres, et nous la voyons en rendre hommage au comte de Chartres (pièce justif. n° 19). Mais le comte de Chartres était, à cause de ce comté, vassal du comte de Champagne, parce que Thibaut-le-Grand, comte de Champagne, de Chartres et de Blois, ayant laissé entre autres deux fils, l'aîné avait eu pour sa part le comté de Champagne et le cadet les comtés de Chartres et de Blois, à charge de reconnaître le comte de Champagne pour son seigneur (*senior* : aîné) et de transmettre la même obligation à ses descendants.

La comtesse Blanche ayant hérité de terres qui relevaient du comté de Chartres, se trouvait donc vassale du comte de Chartres, comme dame de ces terres, et en même temps suzeraine du même comte de Chartres, en sa qualité de comtesse de Champagne; et de son côté le comte de Chartres était à la fois seigneur et vassal de la comtesse Blanche.

Ce fait pour un même individu d'être seigneur de celui dont il est vassal d'un autre côté, n'est pas un cas curieux et isolé, mais des faits semblables sont constatés par tous les documents depuis l'établissement de la féodalité jusqu'à la Révolution, et il n'est guère possible de parcourir dix *aveux* ou *dénombrements* sans y voir le propriétaire d'un fief, qui est souvent un simple laboureur, déclarer qu'il a parmi ses vassaux le seigneur même dont il tient le fief pour lequel il rend aveu : cela arrive toutes les fois que le seigneur, après avoir inféodé une terre, en a racheté une partie, car le contrat d'inféodation étant toujours perpétuel, il est devenu par le fait même vassal de son propre vassal et lui doit, par conséquent, les droits féodaux dont est chargé le pré ou le champ qu'il a racheté.

En un mot, et nous ne saurions trop le répéter, TOUS LES DROITS FÉODAUX COMME TOUTES LES CHARGES FÉODALES SONT ATTACHÉS A LA TERRE et le fait pour un propriétaire d'être noble ou de ne pas l'être ne lui confère et ne lui retire aucun droit ni aucune charge.

Nous ne sommes pas surpris que cette vérité soit méconnue dans les livres et manuels adoptés par l'enseignement officiel dans les lycées et les écoles : leur seul but semblant être, sous prétexte d'instruction, d'inculquer aux jeunes Français la haine aveugle et furieuse de l'Église catholique et de tout le glorieux passé de la France, en répétant avec cynisme des fables dont la fausseté a été cent fois démontrée.

Mais ce qui est plus étonnant, c'est de voir un ouvrage sérieux et de bonne foi comme « *Les origines de la France contemporaine* » de M. Taine, (1er vol. « *L'ancien Régime* » 2e éd.) contenir çà et là et surtout dans le chapitre II, une foule d'erreurs et de non-sens, dus à ce que l'auteur ne s'est pas aperçu de ce fait indiscutable que les droits féodaux (conformes

le comte de Chartres, parlant de l'hommage qui lui était fait de la moitié du comté du Perche, devait entendre la moitié de ce qui relevait de lui dans le comté du Perche, et opposer implicitement à cette moitié dont la comtesse Blanche lui apportait l'hommage, l'autre moitié dévolue à Jacques de Châteaugontier; de plus dans le partage fait en juin 1230 (1) entre Jacques de Châteaugontier et le troisième groupe d'héritiers, il est stipulé que chacun aura toute justice dans la part qui lui échoira et il n'y est pas dit que la part de Jacques doive relever de la comtesse de Champagne 2.

Au mois de juin 1230, Mathieu, seigneur de Montmorency et de Laval, connétable de France, donna une charte 1 par laquelle il fait savoir que Thibaut, comte de Champagne, agissant tant en son nom qu'en celui de Bérengère, reine d'Angleterre, sa tante, et de ses autres copartageants, a partagé la terre du Perche avec Jacques de Châteaugontier, gendre du dit seigneur de Montmorency; il indique ensuite en détail le contenu et les limites de chaque lot, limites qui malheureusement ne peuvent être toutes identifiées, car c'est quelquefois un arbre, un sentier qui sont pris comme point de repaire.

Dans le premier lot sont placés : la ville de Nogent et ses appartenances, le château de Nogent avec les vignes et prés, — la partie du bois des Perchets située du côté de Chainville, — Nonvilliers et Montigny avec leurs appartenances, dont la comtesse

ou non à l'équité et à l'intérêt général, là n'est pas la question) étaient non des avantages personnels, mais des immeubles au sens juridique du mot, non des priviléges appartenant à une classe, mais une partie inhérente des propriétés foncières dont ils étaient inséparables et avec lesquelles ils étaient achetés ou vendus à tout individu sans aucune exception. Les droits féodaux n'étaient pas plus des priviléges que ne le sont aujourd'hui les servitudes actives et passives attachées à presque tous les immeubles, puisque tous indifféremment pouvaient en jouir et devaient les subir.

(1) Pièce justificative n° 22.

(2) Il est vrai que Thibaut-le-Grand, comte de Champagne et roi de Navarre, fils de la comtesse Blanche, ayant marié sa fille Blanche de Champagne à Jean le Roux, duc de Bretagne, écrivit, en juin 1238, à Jacques de Châteaugontier pour lui annoncer qu'il avait donné en dot à sa fille ses terres du Perche avec les fiefs qui en relevaient et que, par conséquent, c'était à Jean le Roux que ledit Jacques devrait désormais rendre ses foi et hommage (voy. cette lettre dans nos pièces justif.); mais il faut remarquer qu'outre la part qui fut attribuée à Jacques de Châteaugontier par le partage de juin 1230, il avait en outre acquis, au mois d'octobre 1231, la part attribuée à Geoffroy, vicomte de Châteaudun, lequel, en avril 1226, s'était engagé à tenir sa part de la comtesse de Champagne (voy. pièces justif. n° 9 et n° 25), de sorte qu'en 1238, Jacques de Châteaugontier pouvait être à la fois vassal direct du comte de Chartres pour sa propre part et vassal du comte de Champagne à raison de la part qui avait appartenu au vicomte de Châteaudun.

de Chartres à l'usufruit sa vie durant, — la moitié de la ville du Theil, nommée le Bourg-Neuf, et le faubourg situé au-dessous, la moitié des prés et des vignes du Theil; comme passif ce lot était chargé d'une rente annuelle de 40 livres de la monnaie courante du Perche envers la dame de Gallardon, qui avait cédé à ses cohéritiers, en 1227, la part qu'elle pouvait réclamer dans la succession du comte du Perche (1 .

Dans le second lot sont placés : Riveray, et ce qu'ont les héritiers dans les bois de Maurissure — la Ferrière et ses dépendances, — la moitié du bois des Perchets, située du côté de Nogent et de Margon, — Mauves, avec les prés, les vignes et les bois de Dambray avec leurs dépendances, grevés de l'usufruit viager de la comtesse du Perche, — l'hébergement du Theil et le haut de la ville du Theil avec la moitié des prés et vignes, les étangs, les taillis jusqu'à la léproserie. Le reste des taillis du Theil devait rester indivis jusqu'à ce que l'on sût si la forêt de Trahant resterait ou non réunie au Theil; la prévôté et le marché du Theil devaient rester communs parce qu'on ne pouvait alors les partager; les fiefs dont la mouvance était attachée à chaque lot étaient spécialement nommés.

Les six châteaux qui appartenaient à Rotrou, dans le diocèse de Chartres, en 1193, sont tous compris dans ce partage, excepté celui de Montlandon qui était peut-être alors inféodé et que nous retrouverons au XVII° siècle indiqué comme membre de la baronnie de Nogent-le-Rotrou.

Il était spécifié dans ce partage de 1230 que si la comtesse de Chartres avait des enfants, Montigny et Nonvilliers que le comte Guillaume lui avait donnés ainsi qu'à ses enfants, devant rester à ceux-ci, ce qui diminuerait d'autant le premier lot, Mauves attribué au second lot serait remis en partage.

Un second partage fut fait pendant le carême de l'an 1231 entre les héritiers du troisième groupe; mais nous n'avons trouvé qu'un fragment de l'acte qui fut dressé à cette occasion : il concerne le lot qui fut attribué à Thibaut, comte de Champagne 2 , et qui comprend : Bretoncelles, tout ce que les héritiers pouvaient prétendre sur la Poterie et sur la forêt de Maurissure, les cens de Riveray, plusieurs vassaux, etc. Ele d'Almenêches, Emery de Châtelleraut, Robert Malet et Hugues de la Ferté, approuvèrent ce partage, et Hugues de la Ferté se fit fort que Rotrou de Mont-

<hr>

(1) Pièces justificatives n° 17 et n° 18.

(2) Pièce justificative n° 23; ce fragment se trouvant dans le cartulaire des comtes de Champagne, il est naturel que la désignation des autres lots n'y ait pas été transcrite, puisqu'elle ne les intéressait pas directement et devait être assez longue.

fort, Guillaume de Beaumont, évêque d'Angers, le vicomte de Beaumont, le vicomte de Châteaudun et la dame de Fréteval, confirmeraient et garantiraient au comte de Champagne la part qu'il avait acceptée.

Raoul, vicomte de Beaumont et de Sainte-Suzanne, s'engagea, au mois d'avril 1231, à prêter, lui ou un de ses fils, avant le 24 juin suivant, hommage lige au comte de Champagne, pour ce qu'il tenait dans le comté du Perche de la succession du comte Guillaume (1).

Hugues de la Ferté partagea, probablement le 10 mai 1232, entre le comte de Champagne, les vicomtes de Beaumont et de Châtellerault et Rotrou de Montfort, les forêts de Trahant (2) et du Theil, situées dans la châtellenie de Bellême, et dont le partage avait été réservé en 1230 pour une date ultérieure (3); des actes de mars 1256, d'octobre 1258 et de mai 1259 (4) prouvent que le roi de France, Jacques de Châteaugontier et le comte de Champagne 5 avaient eu aussi leur part dans les bois de Trahant.

En septembre 1234, Thibaut, comte palatin de Champagne et de Brie, ayant hérité du royaume de Navarre, vendit au roi de France, pour la somme de quarante mille livres tournois, la suzeraineté des comtés de Chartres, de Blois et de Sancerre et de la vicomté de Châteaudun; mais il se réserva spécialement ce qu'il avait dans le comté du Perche, tant en fiefs qu'en domaine, mouvant du comte de Chartres et dont ce dernier devait reporter l'hommage au roi 6.

Ce même Thibaut, mariant sa fille Blanche à Jean-le-Roux, duc de Bretagne, en 1235, lui donna en dot toute la part qui lui appartenait dans le comté du Perche, comme le prouve la lettre qu'il écrivit à Jacques de Châteaugontier en juin 1238 pour le lui annoncer et lui dire de rendre désormais hommage au duc de Bretagne (8.

Jacques de Châteaugontier, lié vis-à-vis du troisième groupe d'héritiers par les partages et traités qui avaient été faits pendant sa minorité ou qu'il avait faits lui-même, gardait toutes ses prétentions sur le lot dont le roi de France s'était emparé

---

(1) Pièce justificative n° 24.

(2) Voy. notre note sur la forêt de Trahant, ci-dessus, p. 10, note 2.

(3) Voy. pièces justif. n° 27, n° 28 et n° 29.

(4) Voy. ces chartes dans nos pièces justif.

(5) Dans les actes de 1258 et de 1259 il est question de la partie des bois de Trahant appartenant au comte de Bretagne, or celui-ci représentait alors le comte de Champagne, son beau-père.

(6) Voy. notre pièce justif. n° 30.

(7) Voy. cette lettre dans nos pièces justif.

et disait avoir droit aux châteaux de Bellême, Mortagne, la Perrière, Mauves, Maison-Maugis, et aux terres, forêts, revenus et autres dépendances de ces châteaux, dont il réclamait avec instance la restitution. Mais enfin, en juin 1257, grâce à l'intervention de bons conseillers, il en vint à un accommodement avec le roi, qui lui céda, ainsi qu'à ses héritiers, pour être tenus de lui et de ses héritiers en fief et hommage lige : Maison-Maugis avec toutes ses dépendances et, de plus, une portion des autres châtellenies du Perche suffisante pour que le tout, d'après estimation, dût rapporter un revenu annuel de trois cent livres tournois ; moyennant quoi Jacques de Châteaugontier céda au roi tous les droits qu'il pouvait avoir sur l'objet de ses réclamations (1) et s'engagea à ne plus rien prétendre en dehors de ce qui lui était ainsi attribué.

Jacques de Châteaugontier ne laissa que des filles : l'une d'elles, Alix, dame de Maison-Maugis, épousa Gilbert, seigneur de Prulay près Mortagne, chevalier, auquel elle porta la châtellenie de Maison-Maugis et peut-être celle de Longpont qui appartenait peu après aux seigneurs de Prulay et fut donnée par eux en partage à des cadets de leur maison à charge de la tenir de la seigneurie de Prulay (2).

André Duchesne nous apprend (3) que Jean-le-Roux, duc de Bretagne, acquit d'Emme de Châteaugontier, fille ainée de Jacques, la seigneurie de Nogent-le-Rotrou par échange d'autres terres qu'il lui assigna en Bretagne (4). Emme lui avait certainement cédé aussi : les châtellenies de Montigny, de Nonvilliers et la moitié de celle du Theil, placées dans le lot de son père par le partage

(1) Voy. cette transaction dans nos pièces justificatives.

(2) Nous avons trouvé ces renseignements dans les archives du château de Prulay, pour la communication desquelles nous sommes heureux de renouveler ici à Madame la comtesse de la Rivière, nos remerciements les plus respectueux.

Il serait possible que la châtellenie de Longpont soit venue à la maison de Prulay d'une autre façon et qu'ayant été mise dans la part de Robert Malet, sire de Graville, un des héritiers du comte Guillaume du Perche, elle ait ensuite formé la dot de sa fille Agnès, mariée à Thibaut de Prulay qui fut seigneur de Longpont; mais Longpont n'est nommé dans aucun des partages intervenus entre Jacques de Châteaugontier et les héritiers du troisième groupe. D'un autre côté, Longpont n'est placé dans le domaine attribué au roi ni par les comptes indiqués dans l'ouvrage de Brussel pour 1227 et 1231, ni par le budget du Perche pour 1252 et 1271, que nous avons cité plus haut.

(3) Hist. généal. de la maison de Dreux, p. 107.

(4) Nous n'avons pas trouvé en quelle année eut lieu cet échange, inconnu jusqu'à présent des historiens percherons, et qui doit être placé comme dates extrêmes entre 1257, époque où Jacques de Châteaugontier transigea avec saint Louis, et 1283, époque où Jean-le-Roux était seigneur de Nogent.

Vieille des environs de Gevraise, vers 1850

Dessin à la plume du Vicomte G. de Romanet

de juin 1230, et en outre : les seigneuries de Regmalart, la Ventrouse, Feuillet et Charencey, qui ne figurent pas dans les actes de partages que nous avons étudiés, parce qu'elles avaient probablement été données en dot à Béatrice du Perche (femme de Renaut de Châteaugontier et aïeule de Jacques , comme le disent plusieurs historiens du Perche. Le duc de Bretagne dut en outre acquérir la propriété utile des châtellenies de Riveray 1, de la Ferrière et de l'autre moitié de celle du Theil 2 , propriété qui avait été attribuée par le partage du 28 février 1231 aux cohéritiers (du troisième groupe) de Blanche, comtesse de Champagne, et dont celle-ci n'avait que la suzeraineté 3 , donnée, nous l'avons vu, par Thibaut à sa fille (nommée Blanche comme son aïeule , en la mariant au duc de Bretagne. En effet, nous voyons la propriété utile de toutes ces terres entre les mains de Jean-le-Roux qui se qualifiait en 1283 de : « Jean, duc de Bretagne, seigneur du Perche et de Nogent 4 . » Il fut vassal du comte du Perche, alors Pierre de France, pour les terres de Regmalart, la Ventrouse, Feuillet, Charencey, le Theil, qui relevaient de ce comté, et vassal du comte de Chartres pour celles de Nogent, Montigny, Nonvilliers, la Ferrière et Riveray, qui en avaient toujours relevé.

Il est important de faire remarquer ici que Nogent et les autres châtellenies mouvantes de Chartres, qui faisaient partie du comté du Perche depuis sa constitution à la fin du XIᵉ siècle, comme étant du domaine des comtes du Perche, s'en trouvèrent alors complètement séparées, puisque ni la seigneurie éminente ni le domaine utile n'en appartenaient au comte du Perche : le comté du Perche se trouva ainsi réduit à peu près aux limites de l'ancien comté du Corbonnais ; ce démembrement dura jusqu'à ce que Charles Iᵉʳ, à la fois comte du Perche et de Chartres, attachât la mouvance de ces châtellenies au château de Bellême, au commencement du XIVᵉ siècle (5).

(1) Montlandon ne figure pas dans les partages de la succession du Perche et cependant ce château de l'ancien domaine des comtes reparaît dans les aveux rendus par les seigneurs de Nogent au XIVᵉ siècle, peut-être était-il alors détruit ou inféodé et compris en conséquence dans une des autres châtellenies.

(2) Nous n'avons pas vu figurer la châtellenie de Préaux dans le domaine des comtes du Perche, mais elle fut toujours dans les mêmes mains que le Theil dès que nous la trouvons mentionnée et il est possible qu'elle en relevât primitivement.

(3) En vertu des pactes conclus en 1226 ; voy. les pièces justif. 8 à 12.

(4) B. N. ms. fr. 24134 (G. Lainé, XL, fol. 95 vᵒ.

(5) Nous ne nous occuperons pas ici des seigneurs de Nogent qui succédèrent à Jean-le-Roux, car les historiens du Perche, et en dernier lieu M. des Murs (Éphémérides du château et de la ville de Nogent-le-Rotrou, 1888) en ont donné la suite avec détails.

FILIATION DES COMTES DU PERCHE DE LA MAISON DE FRANCE

BLANCHE
de Castille
7e comtesse du Perche
18 février 1226; jusqu'en novembre 1252
ép. Louis VIII, roi de France
† 8 novembre 1226

SAINT LOUIS
roi de France, 8 nov. 1226
8e comte du Perche, novembre 1252
† 25 août 1270
ép. 1234, Marguerite de Provence; † 1295

PHILIPPE III
le Hardi
roi de France, 1270
10e comte du Perche
Gav. 1284; † 6 oct. 1285
ép. A 1262, Isabelle
d'Aragon; † 1271
B 1272, Marie
de Brabant; † 1321

PIERRE
de France
9e comte du Perche
et comte d'Alençon
25 août 1270
† 6 avril 1284
ép. 1272, Jeanne
de Châtillon; † 1294

JEAN DE FRANCE
le Bon
comte d'Angoulême
ép. Marguerite de Rohan

MARGUERITE
d'Angoulême
ép. A Charles IV
21e comte du Perche
† 1525
23e c** du Perche
10 mai 1525
† 2 déc. 1549
ép. B 1526, Henri II
d'Albret
roi de Navarre

FRANÇOIS Ier
le Père des Lettres
roi de France, 1515
22e comte du Perche
11 avril 1525-
10 mai 1525
ép. 1514, Claude
de France; † 1524

HENRI II
roi de France, 1547
24e comte du Perche
2 déc. 1549
† 10 juillet 1559
ép. 1533, *CATHERINE*
de Médicis
25e c** du Perche
29 déc. 1559-
8 fév. 1596

A PHILIPPE IV
le Bel
roi de France
11e comte du Perche
6 oct. 1285-1290
ép. 1284, Jeanne
de Navarre; † 1305

A CHARLES Ier
c** de Valois, 1285, de Chartres, 1293
12e c** du Perche et c** d'Alençon, 1290
† 16 déc. 1325
ép. A 1290, Marguerite d'Anjou; † 1299
B 1301, Catherine de Courtenay
† 1308
C 1310, Mahaut de Châtillon; † 1358

FRANÇOIS II
roi de France,
25e comte
du Perche
10 juillet 1559-
20 déc. 1559
ép. 1558, Marie
Stuart; † 1587

HENRI III
roi de France,
1575;
et 28e comte
du Perche
10 juin 1584
† 2 août 1589
ép. 1575, Louise
de Vaudemont
† 1601

FRANÇOIS
(-Hercule)
27e c** du Perche
et duc d'Alençon
8 fév. 1596;
duc d'Anjou
de Touraine
et de Berry, 1.
duc de Brabant
et c** de Flandre
1582;
† 10 juin 158

A PHILIPPE VI
de Valois
roi de France

A CHARLES II
le Magnifique, 13e comte du Perche
et comte d'Alençon, 16 déc. 1325
† 25 août 1346
ép. A 1314, Jeanne de Joigny; † 1336
B 1336, Marie d'Espagne; † 1379

HENRI IV
issu au 10e degré de Saint-Louis
roi de France et 29e comte du Perche
2 août 1589; † 14 mai 1610
ép. A 1572, Marguerite de Valois
B 1600, Marie de Médicis; † 1642

B CHARLES III
14e comte du Perche
et comte d'Alençon
25 août 1346-1361
arch. de Lyon, 1365
† 1375

PHILIPPE
cardinal
† 1397

B PIERRE II
le Noble
comte d'Alençon
1361;
16e comte du Perche
1377 - 15 déc. 1391
ép. 1371, Marie
Chamaillart I; † 1425

B ROBERT
15e comte du Perche
1361; † 1377
ép. 1371, Jeanne
de Rohan, remariée
à Pierre II d'Amboise
vicomte de Thouars
teste en janv. 1398

B LOUIS XIII
roi de France et 30e comte du Perche
14 mai 1610; † 14 mai 1643
ép. 1615, Anne d'Autriche

Marie
ép. 1389, Jean VII
comte de Harcourt
et d'Aumale
ch** banneret

JEAN Ier
le Sage, né en 1385, 17e c** du Perche
15 déc. 1391; † 25 oct. 1415
c** d'Alençon et v** de Beaumont, 1404
duc d'Alençon, 1415
ép. 1396, Marie de Bretagne; † 1446

Catherine
ép. A 1411, Pierre
de Navarre
B 1413, Louis
de Bavière
seig** d'Ingolstadt

LOUIS XIV
roi de France et 31e comte du Perche
14 mai 1643; † 1er sept. 1715
ép. A 1660, Marie Thérèse
d'Autriche; † 1683
B 1684, Françoise d'Aubigné; † 1719

LOUIS XI
roi de France, 1461
20e comte du Perche
18 juil. 1474-4 ja. 1475
ép. 1451, Charlotte
de Savoie; † 1483

JEAN II
le Beau, né en 1409; † 1476
18e comte du Perche et duc d'Alençon
25 oc. 1415-10 oc. 1458 et 11 oct. 1461-
18 juil. 1474
ép. A 1424, Jeanne d'Orléans; † 1432
B 1437, Marie d'Armagnac; † 1473

LOUIS
le Grand-Dauphin; † 1711
ép. Marie A. C. V. de Bavière

LOUIS
duc de Bourgogne; † 1712
ép. Marie-Adélaïde de Savoie

B RENÉ
19e comte du Perche
10 oc. 1458-11 oc. 1461
comte du Perche
et duc d'Alençon
4 janv. 1475
† 1er nov. 1492
ép. 1488, Marguerite
de Lorraine; † 1521

B Catherine
ép. 1462, François
dit Gui XV
comte de Laval
et de Montfort
seigneur de Vitré
Gavre, etc.

LOUIS XV
roi de France et 32e comte du Perche
1er sept. 1715 - avril 1771
ép. 1725, Marie Leczinska; † 1768

LOUIS
dauphin; † 1765
ép. A Marie T. A. d'Espagne
B Marie-Joséphe de Saxe

CHARLES IV
21e comte du Perche
et duc d'Alençon
1er nov. 1492
† 11 avril 1525
ép. 1509, Marguerite
d'Angoulême; † 1549
(voyez ci-contre)

Françoise
ép. A 1505, Fran-
çois II d'Orléans
duc de Longueville
† 1512
B 1513, Charles
de Bourbon
duc de Vendôme
† 1537

Anne
ép. 1508, Guillau-
me VII, marquis
de Montferrat
† 1518

B LOUIS
(-Stanislas-Xavier)
comte de Provence, 1755
33e comte du Perche, avril 1771
régna sous le nom
de Louis XVIII; † 1824
ép. 1771, Marie J. L. de Savoie; † 1810

CHAPITRE IV

COMTES DU PERCHE DE LA MAISON DE FRANCE

§ 1. *Première réunion du comté du Perche au domaine de la Couronne : Blanche de Castille, reine de France, 7e comtesse, 18 février 1226; saint Louis, 8e comte, novembre 1252. — § 2. Premier don en apanage : Pierre de France, 9e comte du Perche et comte d'Alençon, 25 août 1270. — § 3. Deuxième réunion à la Couronne : Philippe le Hardi, 10e comte, 6 avril 1284 ; Philippe le Bel, 11e comte, 6 octobre 1285. — § 4. Deuxième don en apanage: Charles de Valois, 12e comte, 1290. — § 5. Charles II le Magnanime, 13e comte, 16 décembre 1325. — § 6. Charles III, 14e comte, 25 août 1346; Robert, 15e comte, 1361; Pierre II le Noble, 16e comte, septembre 1377. — § 7. Jean Ier le Sage, 17e comte, 26 janvier 1396. — § 8. Jean II le Beau, 18e comte, 25 octobre 1415-10 octobre 1458, et 11 octobre 1461-18 juillet 1474 ; René, 19e comte, du 10 octobre 1458 au 11 octobre 1461, et 4 janvier 1475, † 1er novembre 1492; Louis XI, 20e comte, 18 juillet 1474-4 janvier 1475; Charles IV, 21e comte, 1er novembre 1492. — § 9. Troisième réunion à la Couronne : François Ier, 22e comte, 11 avril 1525; Marguerite d'Angoulême, reine de Navarre, 23e comtesse, 10 mai 1525; Henri II, 24e comte, 2 décembre 1549; François II, 25e comte, 10 juillet 1559; Catherine de Médicis, reine de France, 26e comtesse, 20 décembre 1559. — § 10. Troisième don en apanage : François III, 27e comte, 8 février 1566. — § 11. Quatrième réunion à la Couronne: Henri III, 28e comte, 10 juin 1584; Henri IV; Louis XIII; Louis XIV; Louis XV. — § 12. Quatrième don en apanage : Louis, comte de Provence, 33e comte, avril 1771 (1).*

§ 1. Première réunion du comté du Perche au domaine de la Couronne : Blanche de Castille, reine de France, 7e comtesse,

(1) Nous ne donnerons pas dans cette étude les noms de tous les enfants des comtes du Perche de la Maison de France, comme nous l'avons fait pour ceux de la première race, car ces détails qui n'ont pas d'intérêt direct pour le Perche se trouvent dans les diverses généalogies imprimées de la Maison royale de France, puis dans Odolant-Desnos, reproduit par l'abbé Fret.

18 février 1226 , † novembre 1252 ; saint Louis, 8ᵉ comte, novembre 1252, † 25 août 1270.

La reine Blanche de Castille étant une des héritières du comte Guillaume du Perche, le roi Louis VIII se mit probablement en possession d'une partie du comté dès que la mort de Guillaume fut connue ; nous avons recherché au commencement du chapitre précédent en quoi consistait la part que le roi s'était faite ou avait obtenue de ses cohéritiers.

Hélissende de Rethel, veuve de Thomas, comte du Perche, jouissant d'un droit de douaire sur Mortagne et Mauves, principales villes du Corbonnais, le roi dut s'occuper d'abord du Bellêmois, et les chroniques nous apprennent qu'avant de partir pour l'expédition dans le midi de la France où il trouva la mort, le 8 novembre de cette même année 1226, il avait *confié la garde de Bellême* et probablement de la Perrière, à Pierre de Dreux dit Mauclerc, comte ou duc de Bretagne (1).

La chronique de Saint-Denis et Guillaume de Nangis parlent très clairement de la façon dont Pierre Mauclerc avait été chargé de la *garde* de Bellême ; ce même Pierre affirme, dans la charte où il indique les clauses du traité conclu à Vendôme en mars 1227 entre le roi et lui (2), que le roi lui avait *donné* Bellême et la Perrière non plus en garde, mais en *propriété*; enfin le roi lui-même se fit promettre, en avril 1238, par Mauclerc que celui-ci n'invoquerait jamais la charte constatant le don qu'il lui avait fait de Bellême et de la Perrière, pour réclamer ces terres à la propriété desquelles il avait renoncé ; la façon dont le duc s'était trouvé en possession de Bellême semble donc bien établie, et cependant il est dit dans le traité conclu en 1231 à Angers (3) entre saint Louis et Mauclerc, que celui-ci avait *pris* Bellême *à main armée* et l'avait gardé longtemps en sa possession, faisant valoir des

---

(1) « *Illud autem castrum [Belesmum] a rege Ludovico defuncto ut dictum est, idem comes acceperat in custodia.* » Guill. de Nangis, cité par Bry, p. 244. — « Le duc de Bretagne fist garnir deux forts chasteaux et défensables, l'un a nom Sainct-Jacques de Beuvron, et l'autre Belesme. Le père sainct Louys (1) les bailla à garder au duc de Bretagne, pour ce qu'ils estoient forts et défensables quand il alla en Albigeois. » Chronique de Saint-Denis, citée par Bry, p. 246.

(2) Voy. pièce justificative nᵒ 16.

(3) Voy. pièce justificative nᵒ 26.

(1) Dans le français du moyen-âge, le génitif possessif latin n'était pas rendu en français par la préposition *de*, mais par l'apposition du nom du possesseur après celui de l'objet possédé ; le français moderne a conservé des traces de cette règle dans quelques mots composés consacrés par l'usage, comme Hôtel Dieu, Bourg-la-Reine, etc.

prétentions que nous avons mentionnées plus haut (1); on peut supposer, pour expliquer cette contradiction, que le double du traité
de Vendôme, qui avait dû être déposé aux archives du royaume,
s'était trouvé égaré, et que le rédacteur du traité d'Angers, ne
connaissant pas cet acte, crut, ce qui était bien vraisemblable,
que le duc de Bretagne avait pris Bellème de vive force.

Quoi qu'il en soit, il fut stipulé par le traité conclu à Vendôme
en mars 1227, que le roi donnait à Pierre, duc de Bretagne : Bellème et la Perrière, avec la forêt, les fiefs et autres choses en
dépendant (sans parler d'autres terres sises en dehors du Perche
et dont nous n'avons pas à nous occuper). De son côté, le duc
donnait en dot, en s'en réservant l'usufruit, Bellème et la Perrière
avec leurs dépendances à sa fille Yolande, fiancée à Jean, frère
du roi (2).

Ce dernier étant mort peu de temps après, et Pierre Mauclerc
ayant pris part à la conspiration des barons contre la reine
Blanche, régente du royaume, celle-ci, accompagnée du jeune
Louis IX, vint avec une armée mettre le siège devant Bellème,
pendant l'hiver 1228-1229; la place se rendit après une vigoureuse résistance (3). Pierre Mauclerc fit sa soumission au roi,
mais Guillaume de Nangis nous apprend que « cette réconciliation ne dura pas plus que le temps de prononcer les serments
qui l'accompagnèrent », (4) et dès le 14 janvier 1230, le duc,
mandé par le roi à Melun, lui envoyait pour réponse une lettre de
défi (5); mais le roi ayant envahi l'Anjou avec une armée, le duc
fut forcé de se soumettre définitivement et renonça pour toujours
par le traité d'Angers (6) à ce qu'il avait possédé dans le Perche.
En novembre 1234, il donna au roi une charte par laquelle il
renonçait de nouveau pour lui et pour ses héritiers aux châteaux
de Bellème et de la Perrière et à leurs dépendances et les abandonnait pour toujours au roi et à ses héritiers (7); ce même
Pierre et son fils Jean, auquel il avait abandonné son duché
de Bretagne et son comté de Richemont, renouvelèrent encore
la même renonciation en avril 1238 (7).

(1) Voy. ci-dessus, p. 62, note 1.

(2) Voy. pièce justificative n° 16.

(3) Voy. le recueil des hist. des G. et de la France, t. XXII, p. 310 D;
et l'hist. de Bretagne de Dom Morice, I, p. 160.

(4) Vie de saint Louis par Guillaume de Nangis, texte rétabli par René
de Lespinasse, p. 16.

(5) Voy. pièce justificative n° 21.

(6) Voy. pièce justificative n° 26.

(7) Voy. pièces justificatives.

§ 2. Premier don en apanage (1) : Pierre de France, 9ᵉ cᵗᵉ du Perche, 25 août 1270 (2), † 6 avril 1284.

En mars 1269, saint Louis assigna, *pour les tenir après sa mort*, à Pierre, son cinquième fils : Mortagne, Mauves, Bellême, la Perrière, avec leurs forêts et appartenances en fiefs et domaines et tout ce qu'il possédait dans le comté du Perche, de plus : tout ce qu'il possédait dans le comté d'Alençon, avec le droit de haute-justice ou *plait de l'épée* dans les deux comtés, à charge de tenir le tout du roi de France en fief et hommage lige (3).

Pierre n'avait ainsi reçu que la partie du comté du Perche qui correspondait à peu près à l'ancien comté du Corbonnais, mais ayant épousé en 1272 Jeanne de Châtillon, fille de Jean de Châ-

(1) On pourrait proposer au lieu de ce terme celui d'*assignation en partage* qui traduirait peut-être plus littéralement les termes de l'acte de donation : « *donamus et assignamus pro portione terre* », mais nous croyons le terme d'*apanage* plus exact, car en cas de partage ou d'inféodation, le propriétaire de chaque part et après lui ses descendants pouvaient vendre leur part, la donner, la léguer ou la transmettre ab intestat (sauf pour leur acquéreur, donataire, légataire ou héritier à être soumis au rachat coutumier ou à subir le retrait féodal de la part de l'aîné ou de ses descendants quand il avait été établi entre eux un lien féodal), tandis que la donation de mars 1269 fut faite à Pierre et à ses descendants directs seulement : « *Petro et heredibus suis de corpore suo* », réserve faite du retour au domaine de la Couronne en cas de mort sans descendant direct du donataire ou de l'un de ses descendants ; de sorte qu'il ne pouvait y avoir de transmission de la propriété des biens donnés au profit d'aucun individu autre qu'un descendant direct du dernier propriétaire de ces biens. Nous ferons cependant remarquer que par les termes de l'acte susdit, il n'est pas établi de distinction entre les héritiers *mâles et femelles*, pourvu qu'ils soient des descendants directs, tandis que plus tard les filles furent exclues de la succession aux apanages.

(2) L'acte de mars 1269 n'étant pas une *donation entre vifs* mais une *donation à cause de mort* ou *testament*, Pierre ne fut comte du Perche et d'Alençon qu'à la mort de saint Louis, arrivée le 25 août 1270.

(3) Il est dit dans l'*Art de vérifier les dates* (XIII, p. 157) et dans le *Père Anselme* (III, p. 255) qu'au mois de mars 1269, saint Louis donna à Pierre les comtés d'Alençon et du Perche en apanage et en *pairie* avec le droit d'*Échiquier* ou cour souveraine, et que le droit d'Échiquier *jus scaccarii* ne doit pas être confondu avec le *plait de l'épée* qui n'était que la haute-justice, mais les auteurs de ces ouvrages semblent s'être mépris d'une façon singulière, car l'acte original de donation qui existe encore (voyez nos pièces justificatives) ne mentionne ni la pairie ni le droit d'échi-

tillon, comte de Blois et de Chartres, et d'Alix de Bretagne, il devint comte de Chartres à la mort de son beau-père arrivée en 1279, et à ce titre, se trouva suzerain de la partie du comté du Perche dont il n'avait pas la seigneurie directe, et qui comprenait Nogent-le-Rotrou et les cinq châtellenies de Riveray, la Ferrière, Montigny, Montlandon et Nonvilliers; Pierre avait donc alors en sa possession soit médiate soit immédiate tout l'ancien comté du Perche (1), mais il ne semble pas qu'il ait jamais porté le titre de comte du Perche, que nous ne lui avons vu prendre dans aucun acte.

Le Père Anselme dit III, p. 255 que la donation de 1269 fut confirmée en faveur de Pierre par lettres d'octobre 1277 du roi Philippe le Hardi, ce qui permet de supposer que Pierre n'était pas encore à cette époque en possession de l'objet de cette donation. Pierre étant mort à Salerne, sans laisser de postérité, le 6 avril 1284 (2), ses biens firent retour au domaine de la Couronne.

quier, et pour ce qui concerne la justice, on y lit au contraire ce qui suit: « *Alençonum, Esseium, cum forestis, juribus, magna justitia que dicitur placitum ensis et aliis eorum pertinentiis...* » Un arrêt du arlement de l'octave de la Toussaint de l'an 1272 (Olim 1, fol. 191, pub. par Boutaric, actes du Parlement, n° 1855) prouve que le comte Pierre pouvait exercer le plait de l'épée non seulement dans le comté d'Alençon, mais aussi dans celui du Perche, ce que l'acte de donation de 1269 ne semble pas indiquer. Les premiers comtes du Perche n'étaient tenus qu'à l'hommage simple (voy. pièce justificative n° 5).

(1) Il est à remarquer que les comtes du Perche de la première race avaient la propriété utile de Nogent et des cinq châtellenies susdites pour lesquelles ils étaient vassaux des comtes de Chartres, le comte Pierre et ses successeurs en eurent au contraire la suzeraineté sans en avoir la propriété utile qui resta aux successeurs de Jacques de Châteaugontier. Peut-être est-ce parce que Pierre, tout en ayant la suzeraineté de tout le comté du Perche, n'avait qu'à peu près un tiers du domaine des anciens comtes (les deux autres tiers ayant été dévolus aux 2e et 3e groupes d'héritiers, comme nous l'avons vu, ce qui en diminuait des deux tiers l'importance et la valeur pécuniaire), que essions de Pierre dans le Perche ne sont pas désignées sous le .. . de comté du Perche: « ..... *judæos suos de comitatu Alençonii et de terra sua Perticensi* » (charte royale du 4 janvier 1282, publiée par Bry, p. 266); « ..... *intra terminos et metas terra sua quam habet in comitatu Perticensi et in qua habet jurisdictionem omnimodam de jure communi...* » Charte royale de mars 1278, Bry, p. 268.

(2) D'après l'Art de vérifier les dates, XIII, p. 157.

§ 3. Deuxième réunion au domaine de la Couronne : Philippe le Hardi, 10ᵉ comte, 6 avril 1284, † 6 octobre 1285 ; Philippe le Bel, 11ᵉ comte, 6 octobre 1285-1290.

Nous n'avons rien trouvé de relatif à la géographie du comté du Perche pendant l'époque assez courte où en jouit le roi Philippe le Hardi.

Le 21 juillet 1282, Pierre avait assigné comme douaire à la comtesse Jeanne, sa maison de Mauves et des biens dans la ville de Mauves et ses dépendances, le tout valant 400 livres parisis de rente. Le roi Philippe le Bel, préférant posséder Mauves, assigna en échange à la veuve du comte du Perche une rente viagère de 500 livres tournois sur le Temple (1).

§ 4. Deuxième don en apanage : Charles de Valois, 12ᵉ comte, 1290, † 16 décembre 1325.

Nous lisons dans l'*Art de vérifier les dates* qu'en 1293 Philippe le Bel donna les comtés d'Alençon et du Perche à Charles, son frère, déjà comte de Valois, au même titre que saint Louis les avait donnés à son fils Pierre, mais Odolant-Desnos (p. 346) dit que cette assignation eut lieu en 1290, et c'est lui qui a raison, car Bry cite (p. 271) une promesse du comte Charles au prieuré de Saint-Martin-du-Vieux-Bellême, datée du 25 mars 1291. En outre, il est probable que Charles reçut ce que n'avait pas eu Pierre, le droit d'*Echiquier* pour le comté d'Alençon (2) et peut-être le droit de réunir les *Grands-Jours* du Perche, pour le comté du Perche, car Bry (p. 8) prouve bien clairement que jamais le comté du Perche n'a été du ressort de l'Echiquier d'Alençon et les

______

(1) Voyez les pièces justificatives ; la différence de ces deux chiffres s'explique par le fait que 4 livres parisis (monnaie frappée à Paris) valaient environ 5 livres tournois (monnaie frappée à Tours).

(2) Car l'*Art de vérifier les dates* cite un arrêt de l'Echiquier d'Alençon de l'an 1302, et Bry (p. 281) dit que Charles fit tenir son Echiquier d'Alençon en 1320.

Chênes dans le Parc de Gevraise

Grands-Jours correspondaient, selon toute apparence, pour le comté du Perche, à ce qu'était l'Echiquier pour le duché d'Alençon.

Le roi assigna ensuite le comté de Chartres à Charles de Valois par lettres données le 23 juin 1293 (1); ce dernier put donc détacher du comté de Chartres la mouvance de Nogent-le-Rotrou et des cinq châtellenies qui en dépendaient pour l'attacher au comté du Perche (et spécialement à la châtellenie de Bellême, dont le chef-lieu se trouvait plus rapproché), et demander à son vassal de Nogent de lui rendre hommage non plus à cause de son comté de Chartres, mais à cause de son château de Bellême. Une sentence rendue en 1318 au sujet de Saint-Denis de Nogent-le-Rotrou (2) prouve que Nogent-le-Rotrou relevait probablement alors du château de Bellême, mais ce changement de mouvance fut certainement opéré avant la mort de Charles de Valois, car son fils, le roi Philippe VI, dit en 1335 (3) que les fiefs, arrière-fiefs et ressorts de Nogent-le-Rotrou et ses appartenances étaient du ressort de Bellême au moment du trépas de son père.

Charles Ier avait épousé en premières noces, le 16 août 1290, Marguerite d'Anjou, fille de Charles II le Boiteux, roi de Naples, qui lui apporta les comtés d'Anjou et du Maine, et eut entre autres enfants deux fils : Philippe et Charles. Devenu veuf, Charles Ier épousa Catherine de Courtenay, et enfin en juin 1309, Mahaut, fille de Gui IV de Châtillon, comte de Saint-Pol, dont il eut un fils nommé Louis, né en 1318.

Charles Ier fit, le 20 mai 1314, un partage de sa succession entre ses enfants Philippe et Charles et sa troisième femme, Mahaut de Saint-Pol, et les enfants à naître d'elle (4). En janvier 1320, le roi Philippe V confirma l'acte par lequel Charles Ier réglait le partage de sa succession entre ses fils Philippe, Charles et Louis (5).

Enfin en janvier 1323, le comte Charles fit à Paris, en présence du roi Charles IV, un dernier partage de sa succession entre ses fils 5).

(1) Bry a publié (p. 272) cette charte royale que nous ne rééditerons pas dans nos pièces justificatives, car elle ne concerne en rien le Perche; on y voit que l'assignation du comté de Chartres fut postérieure à celle d'Alençon et du Perche, car le donataire y est nommé : « ..... *Carolus Valesiæ, Alençonii et Andegaviæ comiti...* »

(2) Cet acte publié par Bry, p. 275, contient ce qui suit : « ... *Domus Sancti-Dionysii de Nogento Rotrondi cum omnibus suis pertinenciis existentibus juxta fines comitatus Perticensis ubicumque essent, erant et esse debebant de superioritate et ressorto castri de Bellesmo, ad dictum dominum Carolum pertinentis.* »

(3) Voy. les pièces justificatives.

(4) Voy. les pièces justificatives; nous n'analysons pas ici cet acte, parce qu'il n'eut pas d'effet, mais nous indiquerons seulement que le Perche y était divisé entre Charles et Mahaut de Saint-Pol.

(5) Voy. les pièces justificatives.

Il donnait à Philippe, qui devait régner cinq ans plus tard, sous le nom de Philippe VI, les comtés du Maine, de Valois d'Anjou, etc.; à Charles, les comtés d'Alençon et du Perche, ce dernier estimé 4,000 livres de rente; à Louis, issu de son second mariage, le comté de Chartres, Châteauneuf-en-Thimerais, Champrond, Senonches, etc.

Bry de la Clergerie (p. 283) dit que Charles Ier mourut à Paris en 1325 et y fut enterré dans l'église des Jacobins, une autre version est fournie par Souchet, qui le fait mourir au bourg de Patay en Beauce en 1325 (1); enfin il est dit dans l'*Art de vérifier les dates* que ce même personnage mourut à *Nogent*, le 16 décembre 1325.

⁊ 5. Charles II le Magnanime, 13ᵉ comte, 16 décembre 1325, ✝ 25 août 1346.

Le 3 avril 1326, Philippe, comte de Valois, fit un nouveau partage avec son frère Charles (2 ; il se réserva des droits sur Bellême et la Perrière, et de plus la mouvance des châtellenies de Mortagne, Mauves et Bellême. D'après ce nouvel arrangement, d'un côté le comté du Perche se trouvait morcelé, et d'autre part il cessait de relever immédiatement de la Couronne, puisque le comte de Valois s'en réservait la suzeraineté, mais ce dernier étant monté sur le trône deux ans après, le comté du Perche continua à être un des fiefs immédiats de la Couronne et le nouveau roi renonça vraisemblablement aux réserves stipulées en sa faveur dans le Perche, car on n'en trouve pas de traces dans la suite.

Ce même Philippe, alors roi de France, assigna, en mai 1335, à son frère Charles, pour sa part dans la succession de leur frère Louis, comte de Chartres (3, et en union et accroissement de sa pairie, les lieux et terres de Verneuil, de Châteauneuf-en-Thimerais, de Senonches, de Champrond (4, de Bellou-le-Trichard, de Céton et les fief et ressort de Nogent-le-Rotrou, « lesquels fief et ressort de Nogent seront du ressort de Bellême, ainsi qu'il

(1) Hist. de Chartres, 1, p. 76.

(2) Voy. les pièces justificatives.

(3) Mort le 2 novembre 1329 (Souchet, hist. du dioc. de Chartres, I, p. 76 et suiv.).

(4) Châteauneuf, Senonches et Champrond appartinrent dès lors à la Maison d'Alençon, mais ils ne furent pour cela réunis ni au comté du Perche ni à celui d'Alençon et continuèrent à relever nuement de la Couronne.

soulait être au trépas de leur seigneur père [Charles Ier, comte
d'Alençon] (1). »

Ceton, où se trouvaient deux châteaux, et Bellou-le-Trichard,
où il s'en trouvait un, faisaient partie du diocèse du Mans, mais
rien n'indique qu'ils relevassent au moyen-âge du comté du
Maine, dont ils devaient faire partie primitivement, et nous ne
les voyons cependant jamais mentionnés dans les possessions des
premiers comtes du Perche, ni des seigneurs de Bellême; il est
probable cependant qu'ils avaient été conquis par l'un de ces
derniers; en tout cas, ces trois châteaux firent certainement partie du comté du Perche à partir de 1335, et leur mouvance fut
attachée à la châtellenie de Bellême.

Les limites du comté du Perche ne semblent pas dès lors avoir
varié jusqu'à la Révolution, sauf du 10 octobre 1458 au 11 octobre 1461, période pendant laquelle la suzeraineté de Nogent-le-
Rotrou fut réunie par confiscation au domaine de la Couronne de
France et peut-être plus tard par le fait de quelques érections
de terres que nous indiquerons.

Par lettres données au Louvre le 15 décembre 1336 (2), Charles
assigna en douaire à Marie d'Espagne, sa femme, tout ce que le
roi lui avait attribué dans la succession de leur frère Louis et de
plus la ville de Mortagne, ses forêts du Perche, Moulins et leurs
dépendances.

§ 6. Charles III, 14ᵉ comte, 25 août 1346-1361; Robert, 15ᵉ comte, 1361, † septembre 1377; Pierre II le Noble, 16ᵉ comte, septembre 1377-15 décembre 1391.

Le comte Charles II ayant été tué, le 25 août 1346, à la bataille
de Crécy, où il commandait l'avant-garde de l'armée française et

(1) Le ressort de Nogent-le-Rotrou attaché à Bellême pendant la vie de
Charles Ier, comme nous l'avons vu, en avait certainement été de nouveau
distrait pour être réuni au comté de Chartres attribué par le partage de
janvier 1325 à Louis, fils de Charles Ier, puisqu'il se trouvait dans la
succession de ce même Louis en 1333.

Les fief et ressort de Nogent-le-Rotrou, dont il est question ici, ne
comprenaient pas, comme semble l'indiquer l'*Art de vérifier les dates*, la
propriété utile de cette seigneurie (propriété qui appartenait alors à Jeanne
de Bretagne, dame de Cassel, et n'avait jamais appartenu à Louis de Valois,
comte de Chartres), mais seulement la mouvance féodale, la suzeraineté.

(2) Voyez les pièces justificatives.

où sa valeur ne put réparer son imprudence, le comté du Perche échut à Charles, l'aîné des fils qu'il avait eus de Marie d'Espagne, sa femme, et qui, âgé seulement de neuf ans, se trouva sous le bail de sa mère. Cette dernière vit les terres dont elle avait le gouvernement ravagées par les Navarrais et leurs alliés les Anglais (1), mais elle put cependant faire faire une enquête importante sur l'état des forêts domaniales des comtés d'Alençon et du Perche et les droits d'usages qui les grevaient, enquête dont le résultat fut consigné dans des registres appelés : *Livre de Marie d'Espagne* (2).

Charles III entra dans l'ordre de saint Dominique, au plus tôt dans la seconde moitié de l'année 1361 (3) et fut élu archevêque de Lyon en juillet 1365.

Lorsque Charles eut pris l'habit monastique, son frère cadet Philippe, évêque et pair de Beauvais depuis 1356 et archevêque de Rouen depuis 1360 (4, aurait pu lui succéder dans ses biens, comme l'a cru Odolant-Desnos, qui dit que le 20 janvier 1367, Philippe abandonna à ses frères les comtés d'Alençon et du Perche, mais Odolant-Desnos a dû être induit en erreur, car nous avons trouvé une analyse détaillée de l'acte du 20 janvier 1367 (v. st.), acte par lequel Pierre, comte d'Alençon, et Robert, comte du Perche, se partagent : 1° « les terres et châteaux de Fougères, de Château-Josselin, de Porhouët et de Domfront-en-Passais à eux données et octroyées par leur frère Philippe d'Alençon, archevêque de Rouen », et 2' « les successions à eux échues par le décès de leur père et par la profession en l'ordre des Frères Prêcheurs de leur frère Charles, jadis comte d'Alençon, et pour lors archevêque de Lyon » ; et sont échus audit Robert : le comté du Perche et ses appartenances, excepté ce que leur mère y tient à cause de son douaire, Château-Josselin et

(1) « Une garnison ennemie occupait en 1357 le château de Mortagne sous les ordres de Raoul-Tiron. — Le fort de Mauves fut pris le 4 octobre 1364 par le partisan anglais Robert Lescot, qui ne l'occupa que quelques jours. » *M. Siméon Luce: hist. de B. du Guesclin, p. 495.* — « Le traité de Brétigny stipule l'évacuation de Villeray. » Id., p. 496. — « Le traité de Brétigny stipule l'évacuation de Nogent-le-Rotrou que Thomas Fogg et Thomas Caun sont chargés d'assurer. » Id. p. 473.

(2) Voy. Bry, p. 289, et Odolant-Desnos, I, p. 589.

(3) En effet, Dom Morice (pr. de l'hist. de Bret., I, col. 1541) publie, d'après les mémoires de Dupaz, une charte de lui citée aussi par Odolant-Desnos, p. 401, et datée, à Alençon, du 21 juillet 1361, où il s'intitule : « Charles, comte d'Alençon et du Perche, seigneur de Fougères et de Porhoët. »

(4) Philippe d'Alençon, nommé patriarche de Jérusalem, cardinal de Sainte-Marie au delà du Tibre en 1378, puis évêque de la Sabine et d'Ostie, mourut à Rome en 1397. (Cte de Mas-Latrice : Trésor de chronol.)

Porhouët, et audit Pierre : le comté d'Alençon, Fougères, Domfront, Verneuil, Châteauneuf-en-Thimerais, Senonches et Brezolles (1). Cet acte prouve bien clairement que la donation faite par Philippe à ses frères ne comprenait pas Alençon et le Perche, qui leur appartenaient déjà et qui étaient probablement restés indivis entre eux parce que leur mère les administrait en leur nom à cause de leur minorité.

Robert n'ayant eu de Jeanne de Rohan, sa femme (2), qu'un fils mort jeune, et étant mort lui-même en 1377, son frère Pierre, comte d'Alençon, hérita de tous ses biens. Pierre II avait épousé Marie Chamaillart, vicomtesse de Beaumont au Maine, dont il eut plusieurs enfants.

§ 7. Jean Ier le Sage, 17e comte du Perche, 15 décembre 1391, † 25 octobre 1415.

Traitant, le 15 décembre 1391, du mariage qui devait être contracté entre Jean, son fils aîné, et Isabelle de France, fille du roi Charles VI, qui n'était alors âgée que de deux ans, le comte Pierre II donna à son fils « toute la conté du Perche avecques toutes les villes, chasteaux, chastellenies, terres, fiefs, arrière-fiefs et appartenances de la dicte conté » (3). Quoique le mariage en vue duquel ce contrat avait été conclu n'ait pas été accompli, le contrat de 1391 ne fut probablement annulé qu'en 1396, lorsque le mariage de Jean fut accordé avec Marie, fille de Jean le Vaillant, duc de Bretagne (3), et que de son côté la princesse Isabelle fut mariée à Richard II, roi d'Angleterre; en tout cas les clauses en étaient encore respectées en 1393, année où le comte Pierre, tant en son nom que comme ayant la garde du comte du Perche, son fils, fit un accord avec la comtesse de Bar : cette dernière reconnaissait tenir à foy et hommage du comte du Perche la châtellenie de Nogent-le-Rotrou et ses dépendances, c'est à savoir: Nogent, Montigny, Nonvilliers mouvants de Bellême, et Riveray,

<hr>

(1) Voyez l'analyse de cet acte aux pièces justificatives. C'est sur cet acte (dont il n'avait certainement eu qu'une analyse inexacte) qu'Odolant-Desnos s'appuie pour dire que Philippe posséda les comtés d'Alençon et du Perche qu'il aurait abandonnés à ses frères par cet acte même.

(2) Odolant-Desnos (I, p. 592) dit qu' « après la mort de son mari, ses héritiers lui assignèrent pour son douaire la châtellenie de Céton au Perche ».

(3) Voyez ce contrat de mariage dans nos pièces justificatives.

Montlandon et la Ferrière mouvants de Mortagne (1). Ce qui prouve bien que depuis 1391 Jean le Sage ne cessa de jouir du comté du Perche, c'est que dans le contrat qui fut conclu à l'occasion de son mariage avec Marie de Bretagne (2), son père s'intitule : « Pierre, comte d'Alençon, seigneur de Fougères et vicomte de Beaumont », et appelle son fils : « Jean, comte du Perche » ; de plus, il décide que sa belle-fille aura en douaire le comté du Perche et comme il ne dit pas qu'il donne à son fils ce comté, cela indique bien qu'il n'avait cessé d'appartenir à ce dernier. Le 1er mars 1402 (n. st.), il est dit que le comte d'Alençon a le gouvernement du comté du Perche, son fils, dont le château et la terre de Nogent-le-Rotrou relèvent à cause de son château et châtellenie de Bellême (3 ; et Jean est désigné dans un aveu rendu en juillet 1404 (deux mois avant la mort de Pierre), comme comte du Perche, sous le gouvernement du comte d'Alençon, son père (4). Jean Ier, comte du Perche, devint aussi comte d'Alençon à la mort de son père, arrivée le 20 septembre 1404 ; comme il était un des principaux princes du parti des Armagnacs, Waleran de Luxembourg, comte de Saint-Pol, nommé connétable de France sous l'influence des Bourguignons, après avoir battu l'armée du comte d'Alençon à Saint-Rémy-du-Plain en Sonnois, vint avec Louis de Longny, maréchal de France, mettre en 1412 le siège devant Bellême, dont ils s'emparèrent ; mais Arthur de Bretagne, comte de Richemont, frère des comtesses du Perche et d'Armagnac, vint avec une troupe de Bretons au secours de son beau-frère et remit Bellême en son obéissance. Jean Ier se réconcilia bientôt avec le roi par la paix de Melun conclue le 7 septembre 1412, et le roi érigea en sa faveur le comté d'Alençon en duché-pairie par lettres patentes du 1er janvier 1415 (5) ; aussi lorsque le roi d'Angleterre, Henri V, vint attaquer la France, le duc d'Alençon vint avec sa troupe rejoindre l'armée française et combattit vaillamment à la funeste bataille d'Azincourt, où Henri V le tua de sa propre main, le 25 octobre 1415.

(1) C'est le seul aveu où nous ayons constaté cette double mouvance ; d'après les autres, Nogent relève soit du comté du Perche, soit de Bellême, et à partir de 1514 de « Bellême membre dépendant du comté du Perche. »

(2) Voyez cet acte aux pièces justificatives.

(3) Donation par Robert, duc de Bar, en avancement d'hoirie à Bonne, sa fille, de la terre de Nogent-le-Rotrou (voy. pièces justificatives.)

(4) Aveu de la terre de Solligny, rendu par Jehan Aucher, le 8 juillet 1404. (Cartulaire du Valdieu : Bibl. d'Alençon, ms. 110, fol. XIX.)

(5) Bry publie ces lettres dans son histoire des comtés d'Alençon et du Perche, p. 316.

§ 8. Jean II le Beau, 18ᵉ comte du Perche, du 25 octobre 1415 au 10 octobre 1458 et du 11 octobre 1461 au 18 juillet 1474 ; René, 19ᵉ comte, du 10 octobre 1458 au 11 octobre 1461 et 4 janvier 1475, † 1ᵉʳ novembre 1492 ; Louis XI, 20ᵉ comte, du 18 juillet 1474 au 4 janvier 1475 ; Charles IV, 21ᵉ comte, 1ᵉʳ novembre 1492, † 11 avril 1525.

Jean II le Beau, seul fils survivant de Jean Iᵉʳ, né, d'après Odolant-Desnos, le 2 mars 1409, n'avait par conséquent que cinq ou six ans au moment de la mort de son père. Sa jeunesse facilita donc encore l'invasion du Perche et de l'Alençonnais par l'armée anglaise, et Henri V voulant récompenser Thomas de Montagu, comte de Salisbury, des services qu'il lui avait rendus, lui donna tout le comté du Perche par lettres datées, à Vernon-sur-Seine, du 26 avril 1419 (1). Salisbury jouissait encore du comté du Perche en 1426 (2) et même en 1429 (3), année où il mourut et où, avant de partir pour le siège d'Orléans, il fit raser dans le Perche les châteaux de Mont-Isambert, de la Perrière, de Regmalart, de la Tour du Sablon, de Villeray en Assé, de Villeray en Husson et du Theil, qu'il se voyait incapable de garder en son pouvoir (4). Après la mort de Salisbury, Henri VI disposa du

(1) Voy. cet acte aux pièces justificatives

(2) Voyez aux pièces justificatives l'analyse de l'acte constatant l'hommage qu'il fit à l'évêque de Chartres, le 24 juin 1426, des cinq baronnies du Perche-Gouet et où il s'intitule « comte de Salisbury et du Perche. »

(3) Le roi d'Angleterre accorda, le 25 mars 1428, à « Thomas de Montagu, comte de Salisbury et du Perche », des lettres patentes publiées par Rymer (fœdera, t. IV, partie IV, p. 156), et où, entre autres dispositions, se trouve la fixation des gages de ce capitaine (6 sous 8 deniers d'esterlins par jour) et de ceux des combattants qu'il avait sous ses ordres. L'abbé Expilly se trompe donc en partie quand il dit (à l'article *Mortagne* de son dictionnaire géographique) « on prétend que le duc de Bethfort prenait en 1426 les titres de duc d'Alençon et de comte du Perche », car ce dernier titre appartenant alors à Salisbury, Bedford ne pouvait prendre que le premier, que Henri lui avait donné vers 1425, d'après Odolant-Desnos, t. II, 23.

(4) D'après René Courtin, cité par Odolant-Desnos, II, p. 27.

comté du Perche en faveur du comte de Stafford, qui en fit foy et hommage le 21 décembre 1431 (1).

Le duc d'Alençon qui, dès son plus jeune âge, porta vaillamment les armes, avait été blessé et fait prisonnier à la bataille de Verneuil en 1424; il combattit à côté de Jeanne d'Arc, qui l'appelait le « beau duc », et lutta longtemps avec le brave Ambroise de Loré contre les Anglais, maîtres de son apanage. Il réussit seulement en 1449 (2) à reprendre Alençon; puis vint avec une armée dans le Perche au mois de novembre de la même année, et les garnisons anglaises de Bellême (dont Mathieu Got était capitaine) et de Mortagne capitulèrent et quittèrent le pays.

Jean le Beau qui, dès 1441, s'était laissé tenter par les offres que lui faisaient les Anglais (probablement de lui rendre ses seigneuries) et avait entamé avec eux des négociations (3), se laissa de nouveau entraîner à des démarches du même genre plusieurs années après avoir reconquis son apanage. Cette faute était moins excusable encore que la première, aussi le 24 mai 1456, le roi Charles VII, informé de sa trahison, donna l'ordre de l'arrêter, ce qui fut fait à Paris; il fut solennellement jugé en la cour de parlement du roi garnie de pairs et condamné à mort à Vendôme, le 10 octobre 1458 (4); tous ses biens furent en même temps confisqués. Le roi décida cependant, par l'arrêt même, que l'exécution de la sentence de mort qui y était portée serait différée jusqu'à son bon plaisir; quant aux biens, le roi se réserva Alençon, Domfront, Verneuil et leurs dépendances, tout ce que le duc possédait en Touraine, enfin la suzeraineté de Nogent-le-Rotrou et de toutes ses dépendances (5) (qui fut ainsi de nouveau détachée pendant trois ans du comté du Perche et réunie pendant cet espace de temps non plus au comté de Chartres, mais au domaine de la Couronne); mais il laissa le comté du Perche à René (seul

<hr>

(1) « Et incontinent se levèrent et firent hommaige le conte de Staford de la comté du Perche, le bastard de St-Pol et autres, de terres et seigneuries à eux données par le roy [d'Angleterre], 21 décembre 1451. » Dom Félibien, hist. de Paris, preuves II, 594.

(2) Le comté du Perche avait donc été pendant plus de trente ans en la possession des comtes de Salisbury et de Stafford qui en étaient investis par le roi d'Angleterre, mais comme nous plaçons l'équité au-dessus de la légalité et le droit au-dessus de la force (qu'elle appartienne à un roi ou à un peuple, à une armée ou à une majorité), nous ne comprendrons pas ces deux lords dans la numérotation de nos comtes, bien qu'ils aient été comtes du Perche, *de fait*, pendant trente années de 1419 à 1449.

(3) Voy. l'hist. de Charles VII, par le Mis de Beaucourt, t. III, ch. VIII.

(4) Voyez cet arrêt aux pièces justificatives.

(5) En vertu de cette confiscation, Charles d'Anjou, comte du Maine, rendit, le 15 juin 1459, foy et hommage au roi pour raison de sa terre et seigneurie de Nogent-le-Rotrou (voyez cet acte aux pièces justificatives).

fils du duc et de Marie, d'Armagnac, sa femme) pour en jouir sans aucune dignité ni prérogative de pairie, et le reste des biens de Jean le Beau à partager entre René et ses sœurs.

Louis XI, monté sur le trône le 22 juillet 1461, fit aussitôt mettre en liberté le duc d'Alençon, avec lequel il avait été lié sous le règne de son père, et le 11 octobre suivant fit expédier des lettres patentes le rétablissant dans tous ses biens, honneurs et dignités de pair de France (1) : il recouvra donc alors le comté du Perche dont son fils René jouissait depuis 1458 (2), et la suzeraineté de Nogent-le-Rotrou qui appartenait au roi depuis la même époque; le lendemain 12 octobre, le roi reçut les foy et hommage qu'il lui fit à cause de sa pairie, de son duché d'Alençon et de son comté du Perche et Terres-Françaises, ainsi que de toutes les autres terres qu'il tenait du roi et de leurs dépendances (3).

Le duc fut de nouveau arrêté pour conspiration, le 2 février 1472, et de nouveau condamné à mort, le 18 juillet 1474 (4) ; le roi lui ayant fait grâce de la peine capitale, il mourut en 1476 avant d'avoir recouvré la liberté.

D'après Odolant Desnos, René d'Alençon, qui avait déjà joui du comté du Perche du 10 octobre 1458 au 11 octobre 1461, et qui continuait à en porter le titre, aurait dû, au moment de la seconde condamnation de son père, entrer en possession de tous

(1) Voyez ces lettres patentes aux pièces justificatives. Le roi déclara en outre, le 8 janvier 1466, que les hommages à lui faits de la terre et seigneurie de Nogent-le-Rotrou par les comtes du Maine, seigneurs de Nogent, ne devaient pas préjudicier au comte du Perche duquel la seigneurie relève. (Arch. nat. KK 893, fol. 58).

(2) Quoique le duc d'Alençon eut recouvré la jouissance du comté du Perche, et s'intitulât dans ses lettres patentes du 12 octobre 1461 « Jean, duc d'Alençon, pair de France, comte du Perche, vicomte de Beaumont et seigneur de la Guierche... », son fils René continua à être désigné sous le nom de comte du Perche; il s'intitule : « René d'Alençon, comte du Perche » dans des lettres du 2 juin 1470, publiées par Dom Lobineau, pr. de l'hist. de Bret., II, col. 1509; son père s'intitulait à la même époque « Jean, duc d'Alençon, per de France, comte du Perche et vicomte de Beaumont » dans des lettres du 23 juin 1470, publiées dans le même ouvrage, col. 1310.

(3) Voy. cet acte de réception en foy et hommage aux pièces justificatives. Le roi se réserva de commettre des capitaines et gardes pour garder en son nom les places de Verneuil, Domfront et Sainte-Suzanne, et de conserver auprès de lui René et Catherine, enfants du duc d'Alençon, pour les marier comme il le voudrait et leur donner en dot la partie des biens du duc qu'il jugerait à propos, comme celui-ci aurait pu le faire lui-même. Le duc remit le même jour (12 octobre 1461) au roi des lettres patentes scellées de son sceau par lesquelles il déclarait accepter les réserves que le roi lui avait imposées (ces lettres sont dans Bry, add. p. 6).

(4) Voyez cet arrêt aux pièces justificatives.

ses biens, suivant les lettres que le roi lui avait accordées le 20 janvier 1468 et d'après lesquelles René ne devait souffrir aucun préjudice des fautes passées ou futures de son père, pourvu que lui-même n'y eût pas pris part 1 , mais nous ferons remarquer, pour justifier Louis XI, que tant que Jean le Beau était vivant, René ne pouvait prétendre que la confiscation des biens de son père lui causait un préjudice immérité, puisqu'il n'aurait pas joui davantage de ces biens si son père n'avait pas été condamné, et qu'il ne pouvait légitimement invoquer les lettres du 20 janvier 1468 que pour recueillir la succession de son père, une fois ce dernier mort. Quoi qu'il en soit, Odolant-Desnos (II, p. 172 dit que Louis XI fit saisir les biens de Jean le Beau, et qu'il ne céda aux réclamations de René que le 4 janvier 1475 en lui rendant, par lettres datées de ce jour, tout le revenu du comté du Perche et plusieurs autres terres. Le comte du Perche ne jouit pas longtemps de cette restitution : accusé d'avoir tenu des propos coupables contre la personne de l'ombrageux Louis XI, il fut arrêté par ses ordres le 10 juillet 1481, mais ce prince mourut le 30 août 1483, et le 17 septembre suivant, le comte du Perche fut mis en liberté; le roi lui rendit tous ses biens par lettres du 15 octobre, confirmées le 29 septembre 1484 et le 25 juin 1485 2 .

Charles IV, seul fils du duc René et de Marguerite de Lorraine, lui succéda le 1ᵉʳ novembre 1492, âgé seulement de trois ans, sous le bail de sa mère. Déclaré majeur par arrêt du 9 octobre 1509, il fit le lendemain foy et hommage au roi du duché d'Alençon, du comté du Perche et de l'hommage et ressort de Nogent-le-Rotrou, mouvants du roi à cause de sa couronne, puis de différentes autres terres mouvantes du roi à cause du comté du Maine, à cause du duché d'Anjou, etc. Il mourut à Lyon, le 11 avril 1525, en revenant de la bataille de Pavie (3), ne laissant pas d'enfants de sa femme, Marguerite d'Angoulême, sœur du roi François Iᵉʳ.

(1) Bry publie cet acte dans ses additions aux recherches d'Alençon et du Perche, p. 16.

(2) Les biens du comte René n'avaient pas été confisqués par la sentence de condamnation prononcée le 22 mars 1482 contre lui par le Parlement, et dont Odolant-Desnos donne l'analyse (t. II, p. 195 ; il y est seulement dit que pour l'exécution des conditions imposées au comte, le roi mettrait des gardes et capitaines aux places fortes et châteaux dont René d'Alençon jouissait au jour de son emprisonnement.

(3) Plusieurs historiens ont reproché à Charles IV sa retraite précipitée à la fin de la bataille de Pavie, mais Odolant-Desnos (II, p. 249) discute et réfute ces accusations.

§ 9. Troisième réunion à la Couronne : François Ier, 22e comte, 11 avril 1525 ; Marguerite d'Angoulême, reine de Navarre, 23e comtesse, 10 mai 1525 ; Henri II, 24e comte, 2 décembre 1549 ; François II, 25e comte, 10 juillet 1559 ; Catherine de Médicis, 26e comtesse, 20 décembre 1559.

Le duché d'Alençon et le comté du Perche furent alors réunis au domaine de la Couronne, malgré les réclamations des deux sœurs de Charles IV : Françoise, mariée à Charles de Bourbon, comte de Vendôme, et Anne, mariée à Guillaume VII, marquis de Montferrat. Ces dames objectaient au procureur du roi qu'en vertu du principe de la non-rétroactivité des lois, on ne pouvait invoquer contre elles la loi des apanages, en vertu de laquelle les biens apanagés devaient faire retour à la Couronne à défaut de descendants mâles du prince apanagiste, puisque cette loi n'était pas encore appliquée en 1290 (1), époque où leur ancêtre Charles Ier avait reçu du roi les comtés d'Alençon et du Perche, mais cet argument n'avait pas de valeur, s'il est vrai, comme l'affirme l'*Art de vérifier les Dates*, que la donation de 1290 eut lieu avec les mêmes conditions que celle de 1269 : en effet, il était expressément stipulé par ce dernier acte que les biens donnés ne pouvaient se transmettre par succession collatérale, mais devaient faire retour au domaine de la Couronne de France en cas de mort sans progéniture du prince apanagiste ou de l'un de ses descendants.

Un mois après cette réunion à la Couronne, le 10 mai 1525, la reine-mère, Louise de Savoie, alors régente de France pendant la captivité de François Ier, donna à Marguerite, sœur du roi et veuve du duc Charles IV, l'usufruit du duché d'Alençon, du comté du Perche et de la baronnie de Châteauneuf-en-Thimerais 2. Cette princesse épousa, l'année suivante (1526), Henri II

(1) Du Cange cite cependant à l'art. *Apanamentum* un arrêt de 1283 par lequel il fut statué que les biens donnés par saint Louis à son frère Alphonse devaient revenir non à Charles, roi de Sicile, frère de ces princes, mais à leur neveu, Philippe III, roi de France, plus éloigné, par conséquent, d'un degré.

(2) Ce don fut confirmé par François Ier, le 21 avril 1526; voy. nos pièces justificatives.

d'Albret, roi de Navarre (1) ; le 9 mars 1527, les roi et reine de Navarre nommèrent des commissaires (2) pour visiter le duché d'Alençon, le comté du Perche et Châteauneuf-en-Thimerais, dont ils jouirent jusqu'à la mort de la reine de Navarre, arrivée le 2 (3) décembre 1549. Dès le mois de janvier 1550, des lettres données à Fontainebleau (2) prononcèrent la réunion du duché d'Alençon et du comté du Perche au domaine de la Couronne, et les rois Henri II et François II en jouirent à ce titre.

Ce dernier les donna, le 20 décembre 1559, à sa mère, Catherine de Médicis, qui se fit rendre hommage en 1563 et 1564 par ses vassaux du Perche. Pendant que cette princesse possédait le comté du Perche, la seigneurie de Clinchamps, qui relevait précédemment du comté du Perche, fut érigée par lettres-patentes de décembre 1565 en comté tenu du roi à une seule foy et hommage à cause de sa Couronne, mais quoique ces lettres eussent été enregistrées par le parlement, le 25 juin 1566, elles ne furent pas exécutées à la lettre, car, le 5 juillet 1594, François Le Roy, seigneur de Chavigny et comte de Clinchamps, en faveur duquel avait été faite cette érection, rendit aveu de son comté de Clinchamps au roy à cause de son comté du Perche.

§ 10. Troisième don en apanage : François III, 27ᵉ comte, 8 février 1567, † 10 juin 1584.

La reine-mère consentit à rendre, en 1567, le comté du Perche à Charles IX, qui en forma l'apanage de François-Hercule, son frère, par lettres du 8 février 1567, n. st. Ce prince mourut sans enfants, le 10 juin 1584.

(1) Leur fille, Jeanne d'Albret, fut mère du roi Henri IV.

(2) Voy. les pièces justificatives.

(3) D'après le Trésor de chronologie du comte de Mas-Latrie, et le 21 d'après Odolant-Desnos, II, p. 274.

§ 11. Quatrième réunion à la Couronne : 10 juin 1584, Henri III, 28ᵉ comte ; Henri IV, 29ᵉ comte ; Louis XIII, 30ᵉ comte ; Louis XIV, 31ᵉ comte ; Louis XV, 32ᵉ comte.

Le duché d'Alençon et le comté du Perche furent une quatrième et dernière fois réunis par déclaration du 9 août 1584 au domaine de la Couronne, dont le comté du Perche fit partie sans interruption pendant près de deux siècles, sous les règnes de Henri III, Henri IV, Louis XIII, Louis XIV et Louis XV. Odolant-Desnos (t. II, p. 370) dit qu'Henri IV, qui avait aliéné au duc de Wurtemberg à faculté de rachat, différentes parties du duché d'Alençon, lui aliéna aussi le comté du Perche et que la reine Marie de Médicis racheta le tout, le 4 octobre 1612, et en jouit jusqu'à sa mort arrivée en 1642 ; mais il a certainement été induit en erreur, car Bry, qui publia son histoire du Perche à cette époque même (1620), y dit formellement le contraire (1), et nous avons vu l'opinion de Bry confirmée par tous les aveux et autres documents de cette époque que nous avons consultés (2).

§ 12. Quatrième don en apanage : Louis, comte de Provence, 33ᵉ et dernier comte du Perche, avril 1771 ; roi de France, 8 juin 1795, † 16 septembre 1824.

Enfin, en avril 1771, le comté du Perche avec le duché d'Anjou et les comtés du Maine et de Senonches, fut donné en apanage à Louis-Stanislas-Xavier de France, comte de Provence, et resta

---

(1) p. 571 et 572 : « Depuis ce temps [1585], ... les domaines de Damfront, etc., ont été distraits à faculté de rachat..... mais le Perche est toujours demeuré en la main du roy. »

(2) Une pièce des Arch. nat. (Q 1 885) nous apprend seulement que Françoise de Souvré, dame de Lansac, ci-devant gouvernante du roi et du duc d'Anjou, était en 1646 engagiste du domaine du comté du Perche et vicomté de Verneuil, mais quoique nous n'ayons pas trouvé d'autre document relatif

en droit la propriété de ce prince jusqu'au 8 juin 1795, époque où il se trouva réuni pour la dernière fois au domaine de la Couronne par l'avènement au trône de France du comte de Provence à la mort de l'enfant martyr, Louis XVII, victime des monstres dont les crimes et l'horrible tyrannie resteront à jamais un opprobre pour la race humaine.

En fait, les députés aux États-généraux qui, le 17 juin 1789, s'étaient décerné illégalement et contrairement au mandat impératif qu'ils avaient reçu de leurs commettants le titre menteur d'*Assemblée nationale,* supprimèrent, le 4 août suivant, tous les droits féodaux (1).

à cet engagement, il résulte de la pièce susdite que Françoise de Souvré n'avait que la jouissance du domaine utile du comté du Perche et ne pouvait ni nommer les officiers des diverses administrations locales, ni faire acte de propriétaire, et ce n'était pas à elle mais au roi que les hommages et aveux des fiefs du comté continuèrent à être rendus.

(1) Cette mesure étant injuste et arbitraire ne pouvait être, malgré son apparente bienfaisance, que réellement et profondément contraire aux véritables intérêts du peuple. Les députés des premiers ordres, l'esprit faussé par les utopies égalitaires et libérales des philosophes, croyaient le plus naïvement du monde être fort généreux et magnanimes en gaspillant le bien d'autrui et en trahissant le mandat impératif et précis qui leur avait été confié; beaucoup des autres étaient animés d'une rage de destruction inspirée par la secte maçonnique, d'une basse jalousie et d'une haine féroce contre toute supériorité, qui n'eurent d'égales que leur platitude et leur servilité à mendier, du despote qui, onze ans plus tard, ramassa dans le sang la couronne de France, des dignités et des titres qui étaient, cette fois, de véritables privilèges, puisqu'ils conféraient des avantages sans imposer aucune obligation; presque tous, ignorant absolument les lois éternelles dont les sociétés comme les individus ne peuvent s'écarter sans périr, avaient une confiance aveugle en un avenir et en un renouveau chimériques et inconnus: tous furent unanimes pour détruire en une seule nuit la constitution sociale et économique qui régissait les rapports de tous les habitants de la France, dont l'origine était aussi ancienne que la patrie, mais dont la forme, sans cesse modifiée d'âge en âge, pouvait et devait même se prêter à tous les changements et à toutes les améliorations nécessités par un nouvel état social et économique.

Ce qui prouve l'absurdité de ce saut dans le vide et l'inutilité de cette révolution, c'est la constatation de ce qui s'est passé de l'autre côté de l'Atlantique : le Canada, que les Percherons peuvent se glorifier d'avoir en grande partie fondé, a pour origine des établissements constitués avec l'organisation féodale, les institutions s'y sont successivement modifiées légalement et sans révolution, et l'organisation hiérarchique de la féodalité y subsiste dans tout ce qui ne s'est pas trouvé contraire aux nouvelles nécessités économiques ou sociales: ceux des droits féodaux établis au moment de la colonisation, qu'on n'a pas eu de raisons de supprimer, continuent à être payés aux descendants ou ayants cause des premiers seigneurs, comme ils l'étaient à ceux-ci; cela n'empêche pas le Canada de jouir d'une prospérité de plus en plus grande sous l'égide d'institutions libres et fécondes, tandis que la France, périodiquement

Ce vote faisait perdre au prince le produit des rachats ou droits de mutation payés par les propriétaires des fiefs relevant directement du comté du Perche, des droits de bourgeoisie payés par les bourgeois des villes de Mortagne, Bellême, la Perrière et Mauves, des cens et rentes perçus sur les détenteurs de parcelles de terre situées dans les anciens fossés de ces villes et concédées pour la plupart dans la seconde moitié du XVIIIe siècle, et quelques autres droits féodaux, mais il conservait encore les forêts domaniales du Perche, de Réno et de Bellême, qui formaient la partie la plus importante des revenus du comté (1).

Le prince ne les garda pas longtemps, car il quitta Paris le 20 juin 1791 en même temps que la famille royale, si fatalement arrêtée à Varennes, et plus heureux qu'elle, parvint à se mettre hors de la portée des brutes sanguinaires que ses idées

ravagée, depuis un siècle, par de désastreuses révolutions, est menacée d'un bouleversement social encore plus grand.

Le vote du 4 août eut des conséquences à la fois sociales et économiques : les premières furent de dégager d'une part tous les vassaux et tenanciers des devoirs de *fidélité* et de *respect* qu'ils devaient à leur seigneur ou au roi, et d'autre part, de dégager également les seigneurs des devoirs *d'aide* et *d'assistance* qu'ils devaient à leurs vassaux ou tenanciers pour établir, avec une apparente *égalité*, un *individualisme* trop réel et nuisible aux uns comme aux autres ; les secondes furent de diminuer notablement la fortune de certains individus pour en enrichir d'autres, le tout d'une façon absolument arbitraire : en effet, à la presque unanimité des propriétés foncières étaient attachés des droits et étaient imposés des devoirs qui constituaient les droits et les devoirs féodaux ; le produit de leur balance ajouté au produit du domaine non inféodé, exploité directement ou affermé par le propriétaire constituait le chiffre exact représentant la rente annuelle de ces propriétés. Prenons par exemple deux propriétés achetées le même prix en 1788 : la première, chargée pour une valeur de mille livres de devoirs féodaux par an, mais ayant le droit de percevoir pour une valeur de deux mille livres de droits : le vote du 4 août eut pour résultat de faire perdre au propriétaire de cette terre une rente annuelle de mille livres, tandis que la propriété voisine devant acquitter également mille livres de devoirs, mais comprenant plus de terres réservées au domaine utile du propriétaire que de terres inféodées ou baillées à cens ou à rente et n'ayant, par exemple, qu'une valeur annuelle de 200 livres à percevoir comme droits féodaux, gagna par le vote du 4 août une rente annuelle de 800 livres.

(1) Le domaine du comté du Perche consistait en deux natures de domaine : le *domaine non muable* (c'est-à-dire donnant tous les ans le même revenu) comprenant les cens, rentes, droits de taille et de bourgeoisie perçus sur les propriétaires de maisons ou de terrains situés dans les villes du pays, et le *domaine muable*, dont le revenu variait tous les ans et qui comprenait lui-même deux parties distinctes : les *biens en nature* : forêts, châteaux, métairies, pièces de terre, etc., et les *droits féodaux* : coutumes, péages, havages, etc. Nous avons trouvé dans un carton des Arch. nat. (P. 2084) que le domaine non muable de la châtellenie de Bellême produisait un revenu annuel de 477 livres 2 sols 4 deniers. Quant

libérales n'auraient pas désarmés : la confiscation des biens des émigrés ayant été votée dès le 22 décembre 1789, ce qui lui restait du comté du Perche et consistait à peu près exclusivement dans les forêts du Perche, de Réno et de Bellême, confisqué le 20 juin 1791, fit dès lors partie des biens nationaux et se trouve aujourd'hui dans le domaine privé de l'Etat.

au domaine tant muable que non muable de la même châtellenie, déduction faite de la forêt de Bellême, il fut estimé en 1771 la somme de 60000 livres de principal (P. 2084) ce qui, au taux de 5 %, donne 3000 livres de rente, et (le domaine non muable valant 477 livres de rente) laisse au domaine muable, non comprise la forêt, une valeur annuelle d'environ 2500 livres. Quant au domaine de la châtellenie de Mortagne, nous n'avons encore pu en découvrir que des évaluations partielles pour les époques modernes.

Coin du Parc des Guillets

Succession chronologique des comtes de Corbon, de Mortagne et du Perche

Comtes de Corbon vers 853 - vers 954

860 — comté de Corbon démembré de l'Hiesmois dès 853, et gouverné d'abord par des comtes amovibles, puis peut-être viagers et enfin héréditaires.

Entre 923 et 956 — le comte de Corbon approuve une charte rédigée par ordre d'Hugues le Grand duc de France en 923, † 956.

Comtes de Mortagne vers 954-1079

954 — Hervé, cte de Mortagne.

1031 — Fulcoïs, cte de Mortagne, ép.: ? *Rothaïs*.

† 1039 — *Elvise*, dame du comté de Mortagne, ép: Geoffroy III, vte de Chateaudun et sgr de Nogent.

1039, † 1079 — Rotrou II, vte de Châteaudun, sgr de Nogent, cte de Mortagne, ép.: *Adèle de Bellême-Domfront*.

Premiers comtes du Perche 1079-1226

1079, † 1100 — Geoffroy IV, 1er cte du Perche, ép.: *Béatrice de Rouey*.

1100, † 1144 — Rotrou III le Grand, 2e cte du Perche, ép.: A *Mahaut d'Angleterre*, B *Harvise de Salisbury*, remariée à Rob. de France, cte de Dreux.

1144, † 1191 — Rotrou IV, 3e cte du Perche, ép.: *Mahaut de Champagne*, † 1190.

1191, † 5 avril 1202 — Geoffroy V, 4e cte du Perche, ép.: A *Mahaut*, B *Mahaut de Bavière*, qui se remaria à Enguerrand III de Coucy.

avril 1202, † 20 mai 1217 — Thomas, 5e cte du Perche, ép.: *Hélissende de Rethel*, remariée en 1227 à Garnier de Traînge et † avt 1234.

) mai 1217, † 18 fév. 1226 — Guillaume, 6e cte du Perche, évêque de Châlons-sur-Marne.

Comtes du Perche de la maison de France 1226-1795

18 fév. 1226, † nov. 1252 — *Blanche de Castille*, 7e ctesse du Perche, femme de Louis VIII, roi de France, † 8 nov. 1226.

nov. 1252, † 25 août 1270 — le roi St Louis, 8e cte, et la reine *Marguerite de Provence*.

) août 1270, † 6 avril 1284 — Pierre de France, 9e cte, ép.: 1272, *Jeanne de Châtillon*, † 1291.

6 avril 1284, † 6 oct. 1285 — le roi Philippe III le Hardi, 10e cte, et la reine *Marie de Brabant*.

6 oct. 1285, — 1290 — le roi Philippe IV le Bel, 11e cte, et la reine *Jeanne de Navarre*.

1290, † 16 déc. 1325 — Charles de Valois, 12e cte, ép.: A 1290, *Margte d'Anjou*, † 1299; B 1301: *Cath. de Courtenay*, † 1308; c 1309: *Mahaut de Châtillon-St Pol*, † 1358.

) déc. 1325, † 25 août 1346 — Charles II le Magnanime, 13e cte, ép.: A 1314, *Jeanne de Joigny*, † 1336; B 1336, *Marie d'Espagne*, † 1379.

25 août 1346, — 1361 — Charles III, 14e cte, depuis archevêque de Lyon, † 1375.

1361, † 1377 — Robert, 15e cte, ép.: 1374, *Jeanne de Rohan*, qui se remaria à Pierre II d'Amboise, vte de Thouars, et testa en janv. 1408.

1377, — 15 déc. 1391 — Pierre II le Noble, 16e cte, et *Marie Chamaillard*, † 1425.

5 déc. 1391, † 25 oct. 1415 — Jean I le Sage, 17e cte, ép.: 1396, *Marie de Bretagne*, † 1446.

5 oct. 1415, — 10 oct. 1458 — Jean II le Beau, 18e cte, ép.: A 1421, *Jeanne d'Orléans*, † 1432.

) oct. 1458, — 11 oct. 1461 — René, 19e cte (pendant l'emprisonnement de son père).

1 oct. 1461, — 18 juil. 1474 — Jean II le Beau, 18e cte, ép.: B 1437, *Marie d'Armagnac*, † 1473.

8 juil. 1474, — 4 janv. 1475 — le roi Louis XI, 20e cte, et la reine *Charlotte de Savoie*.

janv. 1475, † 1er nov. 1492 — René, 19e cte, ép.: 1488, *Marguerite de Lorraine*, † 1521.

er nov. 1492, † 11 avril 1525 — Charles IV, 21e cte, ép.: 1509, *Marguerite d'Angoulême*, † 1549.

1 avril 1525, — 10 mai 1525 — le roi François 1er, le Père des Lettres, 22e cte.

10 mai 1525, † 2 déc. 1549 — *Marguerite d'Angoulême* (veuve de Charles IV), 23e ctesse, ép.: B 1526, Henri II d'Albret, roi de Navarre.

déc. 1549, † 10 juil. 1559 — le roi Henri II, 24e cte, et la reine *Catherine de Médicis*.

) juil. 1559, — 20 déc. 1559 — le roi François II, 25e cte, et la reine *Marie Stuart*.

) déc. 1559, — 8 fév. 1567 — *Catherine de Médicis*, veuve du roi Henri II, 26e ctesse.

8 fév. 1567, † 10 juin 1584 — François III-Hercule de France, 27e cte.

) juin 1584, † 2 août 1589 — le roi Henri III, 28e cte, et la reine *Louise de Vaudemont*.

2 août 1589, † 14 mai 1610 — le roi Henri IV le Grand, 29e cte, ép.: A 1572, *Marguerite de Valois*, B 1600, *Marie de Médicis*.

4 mai 1610, † 14 mai 1643 — le roi Louis XIII le Juste, 30e cte, et la reine *Anne d'Autriche*.

4 mai 1643, † 1er sept. 1715 — le roi Louis XIV le Grand, 31e cte, et la reine *M.-Thse d'Autriche*.

er sept. 1715, — avril 1771 — le roi Louis XV le Bien-Aimé, 32e cte, et la reine *Marie Leczinska*.

avril 1771, — 8 juin 1795 — Louis-Stanislas-Xavier de France, 33e cte, ép.: 1771, *Marie J.-L. de Savoie*.

TABLEAU DE LA MAISON DE BELLÊME

Ou Famille des premiers seigneurs de Bellême, Alençon, Château-Gontier, Château-Renaut, etc.

?

YVES DE CREIL,
seigneur de Bellême, 951; ✝ vers 997
maître des Arbalétriers de Louis d'Outremer
ép. Godehilde

SIGEFROY
évêque du Mans
971-995

Hildebourge
ép. Avesgot
seig[r] de Château-du-Loir
dont Gervais
évêque du Mans

GUILLAUME Ier
seigneur de Bellême
et d'Alençon, 997; ✝ 1028
et probablement abbé du S[aint]-Cénéri
ép. Mahaut

Godehilde

AVESGAUT
évêque du Mans

?
YVES
de Bellême

GUÉRIN
seigneur
de Domfront
*quem dæmones
suffocaverunt*
1028; ✝ 1033

ROBERT
seigneur
de Bellême
et d'Alençon
tué à Ballon
1028; ✝ 1033

GUILLAUME II - *Talvas*
seigneur de Bellême
et d'Alençon, 1033
✝ ...
ép. A Hildebourge
fille d'Arnoul
B N..... fille du
vi[comte] de Beaumont

FOULQUES
tué
au combat
de Blavon

YVES
év. de Séez
seigneur
de Bellême
et d'Alençon
1050; ✝ 1070

RENAUT Ier
ép. Béatrice
nièce de Foulques-Nerra
comte d'Anjou
qui lui donne Château-
Gontier, vers 1037
✝ 13 avril 10..

Adèle
ép. Rotrou II
comte
de Mortagne,
1039; ✝ 1079

A ROBERT
✝ vers 1035

A Mabile
dame de Bellême
et d'Alençon, 1070
✝ déc. 1082
ép. Roger
de Montgommery
v[icomte] d'Exmes, 1048
✝ 1094

A ARNOUL
✝ avant
son père

ALART Ier
seigneur
de Château-Gontier
✝ 1101, à la croisade
ép. Isabelle
de Mathefelon

GEOFFROY

RENAUT
fait bâtir
le château nommé
à cause de lui
Château-Renaut

Isabelle
ép. Geoffroy
de Durtal

RENAUT II
seig[r] de Château-
Gontier; ✝ 1101
à la croisade
ép. Burgondie
de Craon

Hersende
ép. Hubert
de Cham-
pagne

GUICHER Ier
seig[r] de Château-
Renaut
ép. Pétronelle

LETPERT
fils
naturel

GEOFFROY
✝ 1066

ALART II
seigneur
de Château-
Gontier,
1100-1145
ép. A Mahaut
✝ 20 déc. 1123
B Émilie

Laurence
ép. Turpin

GUICHER II
seigneur
de Château-
Renaut

RENAUT
seigneur de
Château-Renaut

ALART
le jeune
✝ jeune

RENAUT III
seigneur
de Château-Gontier
ép.

GEOFFROY

Béatrice
1195

RENAUT IV
seigneur de Château-Gontier
croisé en 1190; 1195
ép. Béatrice du Perche

GUILLAUME
1190

ALART III
seig[r] de Château-Gontier, 1193
✝ avant mai 1226
ép. Emme de Vitré

JACQUES ou JAMET
seigneur de Château-Gontier et de Nogent-le-Rotrou
mineur en 1226; ✝ avant 1263
ép. avant 1230, Harvise de Montmorency

RENAUT
✝ jeune

Emmette
dame de Château-Gontier
et Nogent-le-Rotrou; ✝ vers 1270
ép. A Geoffroy, seigneur
de la Guerche et de Pouancé
B Girart Chabot

Philippe
dame
de Hérouville

Alice
dame de Maison-
Maugis, 1305
ép. Gilbert, seigneur
de Prulay ch[evalier]

Au moment de faire imprimer ce
tableau de la maison de Bellême,
nous nous sommes décidé à y comprendre la branche de Château-Gontier, regardée comme en étant issue
intéressante pour l'histoire du
Perche; mais n'ayant ni le temps ni
les documents nécessaires pour en
faire une étude approfondie, nous
donnons la filiation ci-contre d'a-
près *l'Art de vérifier les dates*, rec-
tifié sur plusieurs points importants, grâce à des extraits des cartulaires manceaux qu'ont bien voulu
nous envoyer MM. le vicomte d'Elbenne et Bertrand de Broussillon.

CHAPITRE V

DES PREMIERS SEIGNEURS DE BELLÊME

§ 1. *Maison de Bellême.* — § 2. *Maison de Montgommery.* —
§ 3. *Mouvance de Bellême.*

Nous ne nous étendrons pas longuement sur les premiers seigneurs de Bellême, des maisons de Bellême et de Montgommery, dont nous donnons des tableaux généalogiques détaillés, car s'ils possédèrent des fiefs nombreux et importants dans diverses parties de la France, et en Angleterre, ils n'eurent dans la région du Perche que la seigneurie de Bellême correspondant probablement au doyenné de ce nom de l'archiadiaconé de Corbonais.

§ 1. Maison de Bellême.

Nous lisons dans l'*Art de vérifier les Dates* qu'Yves de Creil, premier seigneur connu de Bellême, était fils de Fulcoïn et de Rothaïs, et qu'il était en possession vers 940 de la ville de Bellême; mais on ne cite et nous n'avons trouvé aucun document propre à justifier cette filiation et la date de 940 nous semble peu probable jusqu'à preuve contraire, d'autant plus que l'auteur de l'article fait mourir Yves au plus tôt à la fin de l'an 997 (1), c'est-à-dire cinquante-sept ans après sa prise en possession de Bellême. Si cette filiation était justifiée, on pourrait identifier ce Fulcoïn avec Fulcois, comte du Corbonais ou de Mortagne (aïeul de Rotrou II), dont le fils Yves aurait eu pour sa part le Bellêmois, ce qui en expliquerait le démembrement du Corbonais. Nous voyons par une charte (2) d'Yves de Creil relative à l'église qu'il avait

(1) D'après la charte d'un don fait par lui en cette année au Mont-Saint-Michel.
(2) Publiée par Bry, p. 34.

fondée dans son château de Bellême, qu'il donna une église qu'il possédait dans le Sonnois, d'où l'auteur de l'*Art de vérifier les Dates* conclut (XIII, p. 142) avec Bry qu'il était possesseur de tout le Sonnois, dans lequel cependant Hugues, comte du Maine, possédait des terres qu'il donna en 994 à l'abbaye de la Couture (1). Nous serions plutôt porté à croire que le Sonnois fut conquis par Guillaume de Bellême sur Herbert Éveille-Chien, comte du Mans, avec lequel il fut souvent en guerre. Bry de la Clergerie (p. 36) et après lui d'autres historiens du XVII° siècle disent qu'Avesgaud, évêque du Mans, frère d'Yves de Bellême, bâtit sur ses terres le château de la Ferté, appelé depuis la Ferté-Bernard, ce qui prouverait que le Fertois appartenait aux seigneurs de Bellême; mais M. Charles, dans son histoire de la Ferté-Bernard (p. 14), fait justice de cette assertion en citant un passage du livre pontifical du Mans, qui dit formellement que cet évêque ne possédait rien en biens fonds (2).

Il est dit dans l'*Art de vérifier les Dates* XIII, p. 143, que Guillaume, fils d'Yves, « succéda à son père dans la seigneurie de Bellême à laquelle il joignit le comté du Perche », ce qui n'est appuyé sur aucune preuve et est impossible, puisqu'il n'y avait pas alors de comté du Perche, le territoire qui porta plus tard ce nom étant alors divisé en trois parties: comté de Mortagne, seigneurie de Bellême et seigneurie de Nogent-le-Rotrou, qui appartenaient à des seigneurs différents comme nous l'avons vu ci-dessus (p. 36 et suiv.). Guillaume, seigneur de Bellême, reçut du duc de Normandie, Richard II, le château d'Alençon (3), dont il lui refusa bientôt l'hommage (4); le duc le punit et lui rendit le château d'Alençon. « On croit que le pays de Domfront lui fut aussi donné, puisqu'il fit bâtir le château de ce nom et fonda, vers 1025 (5), dans la forêt voisine, l'abbaye de Lonlay (6). »

(1) Art de vérifier les Dates : Art. de Hugues, comte du Maine.

(2) « *Nihil habens de dominio quod dare potuisset.* » Mabillon, t. III, p. 300.

(3) D'après la Chronique ms. de Normandie, publiée dans le Rec. des hist. des G. et de la Fr., t. XI, p. 323, le duc Robert n'avait donné à Guillaume le château d'Alençon qu'en garde et non en fief, mais il est probable que son rédacteur avait fait erreur, puisque les descendants de Guillaume furent bien réellement seigneurs d'Alençon.

(4) *Guillelmus Bellismensis, Yvonis filius, animositatem ejus audens attentare ex castro Allencio quod beneficii tenebat jure a serviminis jugo pertinacem cervicem temere sumpta rebellione nisus est entorquere.* Guill. de Jumièges, cité par Bry, p. 41. *Ce passage se trouve (1) (voir errata p 172 ter)*

(5) En 1026, d'après Mabillon.

(6) Art de vérifier les Dates, XIII, p. 143.

Deux au moins des fils de Guillaume Ier : Robert et Guillaume II dit Talvas, lui succédèrent l'un après l'autre dans les seigneuries de Bellême, d'Alençon et probablement du Sonnois; son fils Guérin, nommé par les chroniqueurs *Garinus de Domfronte*, avait probablement eu pour partage Domfront (1), et Orderic Vital, en le nommant le premier, semble indiquer qu'il mourut avant ses frères (2). Arnoul, fils de Guillaume II, étant mort sans enfants, sa succession revint à son oncle, Yves, évêque de Séez (3), autre fils de Guillaume II, qui mourut en 1064, d'après Bry, et en 1070 d'après le *Gallia Christiana*.

Ier (errata p 172ter)

§ 2. Maison de Montgommery.

Mabile, fille de Guillaume II, porta ensuite une grande partie (suivant Orderic Vital) (2), ou la totalité (suivant le continuateur de Guillaume de Jumièges) (4), des biens de son père à son mari, Roger de Montgommery, vicomte d'Exmes, auquel Guillaume le Conquérant donna en Angleterre le château d'Arundell, la ville de Chichester et le Shropshire (5). Robert II, dit Talvas, leur fils, eut dès la mort de sa mère, arrivée en décembre 1082, les seigneuries de Bellême et d'Alençon auxquelles Robert Courte-Heuse ajouta, vers 1191, les seigneuries

(1) Voyez ci-dessus p. 59, not. 2 et 3.

(2) *In diebus Willelmi ducis Normanniæ, Ivo filius Willelmi Belesmensis, Sagiensem episcopatum regebat, et hereditario jure ex paterna successione, fratribus suis Warino, Roberto atque Willelmo deficientibus, Belesmense oppidum possidebat..... Præfati præsulis neptem nomine Mabiliam Rogerius de Monte-Gomerici Oximensium vicecomes in conjugium habebat; per quam magnam partem possessionis Willelmi Belesmensis obtinuerat.* — Orderic Vital, D. Bouquet, XI, p. 227.

(3) *Denique Arnulpho nequiter perempto..... venerabilis Ivo patruus ejus, Sagiensis episcopus, Belesmiæ castrum et quæque ad ipsum pertinebant accepit.* Guill. de Jumièges, éd. D. Bouquet, XI, p. 41.

(4) *Hanc Mabiliam Rogerius comes, filius Hugonis de Monte-Gummerici accepit in uxorem cum tota hereditate patris ipsius quam habebat sive in Bellismensi pago, sive Sennensi, ultra fluvium Sartæ. Ipse autem Rogerius natus est ex quadam neptium (scilicet ex Jocellina, filia Wevivæ, ut habet liber ms.) Gunnoris comitissæ.* Guill. de Jumièges, éd. D. Bouquet, XI, p. 57.

(5) *Rex Guillelmus Rogerio de Montegomerici in primis castrum Arundellum et urbem Cicestram dedit; cui postea comitatum Scrobesburiæ, quæ in monte super Sabrinam fluvium sita est adjecit.* Orderic Vital, l. IV, éd. Le Prevost, II, p. 220.

de Séez et d'Argentan et la forêt de Gouffern. Célèbre par ses cruautés, il fut souvent en guerre avec ses voisins et entre autres avec ses cousins les comtes du Perche Geoffroy IV et Rotrou III, comme nous l'avons vu plus haut (voy. ci-dessus, p. 39, 46 et 49). Henri Iᵉʳ, roi d'Angleterre, ayant fait prisonnier, en 1112, Robert de Bellême, que le roi de France lui avait envoyé comme ambassadeur, le fit enfermer d'abord à Cherbourg et l'année suivante au château de Verrham, en Angleterre, où il finit ses jours. Henri Iᵉʳ s'étant emparé de Bellême, le 3 mai 1114, fit don à son gendre Rotrou du Bellêmois, que le roi de France lui avait cédé, au mois de mars précédent, par le traité de Gisors, et la maison de Montgommery en fut ainsi à jamais dépouillée.

Guillaume, fils de Robert Talvas et d'Agnès (fille de Gui, comte de Ponthieu), fut comte de Ponthieu (1) du chef de sa mère, et le roi d'Angleterre lui rendit tous les biens que son père possédait en Normandie; son fils aîné, Gui, fut la tige des comtes de Ponthieu, et Jean, un autre de ses fils, eut pour sa part Alençon et les autres terres normandes de sa famille.

⸹ 3. De la mouvance de Bellême.

Le roi de France, Philippe Iᵉʳ, confirmant le don de l'église Saint-Léonard de Bellême fait en 1092 à l'abbaye de Marmoutiers par Robert de Bellême, appelle ce dernier son vassal (2). Si l'on admet, comme nous le faisons, l'authenticité de la charte relatant cette confirmation royale, on est obligé de rejeter comme faux le récit du continuateur de Guillaume de Jumièges disant que ce même roi Philippe avait donné ou vendu à Guillaume le

(1) Bry de la Clergerie donne à tort à tous les seigneurs de Bellême le titre de *comtes de Bellême et d'Alençon* qu'ils ne s'attribuent jamais eux-mêmes dans leurs chartes et qui ne leur est pas donné par leurs contemporains; dans l'*Art de vérifier les Dates* (t. XIII, p. 145) il est dit également que lorsque Guillaume Iᵉʳ eut reçu Alençon, les seigneurs de Bellême se qualifièrent comtes d'Alençon; le premier seigneur d'Alençon qui ait eu le titre de comte est Roger de Montgommery, qui avait reçu pour sa part dans la conquête de l'Angleterre le comté de Shrewsbury ou Shropshire; son petit-fils Guillaume, ayant hérité du comté de Ponthieu, se qualifia aussi de comte d'Alençon, et ceux de ses descendants qui eurent en partage Alençon continuèrent à s'intituler comtes d'Alençon.

(2) *Quidam vassalus meus Robertus de Belismo, filius Rogerii comitis et Mabilie.....* Charte de confirmation royale publiée par Bry, p. 102, et citée par l'*Art de vérifier les Dates* (XIII, p. 173) d'après Dom Boudier.

Forêt de Bellême

(Canton du Pont-à-la-Dame)

D'après un dessin du Vte G. de Romanet.

Conquérant la suzeraineté du territoire de Bellême (1); en effet, Guillaume le Conquérant étant mort en 1087, si le roi de France lui avait abandonné la suzeraineté de Bellême, Robert de Bellême n'aurait pas été vassal direct du roi de France en 1092. Ce chroniqueur, dont l'histoire littéraire des Bénédictins constate du reste l'inexactitude et le peu de valeur historique, a donc certainement fait une confusion de noms et de dates (2).

Orderic Vital rapporte qu'après l'emprisonnement de Robert de Bellême, Louis le Gros, par le traité de paix fait à Gisors à la fin de mars 1144 n. st., céda à Henri Ier, roi d'Angleterre, Bellême, le comté du Maine et toute la Bretagne (3). Nous avons vu (p. 49, note 1) que le roi d'Angleterre se rendit alors maître de Bellême avec l'aide de son gendre Rotrou, auquel il donna ce fief important (1), en se réservant cependant le château qui n'appartint au comte du Perche qu'en 1158, si l'on adopte pour la phrase de Robert de Thorigny l'identification de date de temps que nous avons suivie p. 49 (4). Quant à la fin même de cette phrase, nous

(1) *Ipso denique [Roberto de Bellismo] in vinculis posito, in quibus et defecit rex [Angl.] Henricus nobilissimum oppidum ejusdem nomine Bellismum cepit et illud Rotroco, comiti Perticensi, genero suo dedit. Licet pagus Bellismensis non ad ducatum Normanniæ pertineret, sed ad regnum Franciæ; dederat tamen dominium ejusdem pagi, vel, ut quidam dicunt, vendiderat dudum Philippus rex Francorum cognato suo Wuillelmo seniori regi Anglorum et duci Normannorum.* (Rec. des hist. des G. et de la Fr., XI, p. 57.) Nous savons par Orderic Vital que Guillaume de Jumièges n'écrivit pas après 1087; ce passage relatif au XIIe siècle n'est donc pas de lui, mais d'un continuateur qui n'est pas Robert de Thorigny, car les œuvres de ce chroniqueur, publiées par M. L. Delisle et comprenant les interpolations et additions à Guillaume de Jumièges, ne contiennent pas ce passage.

(2) L'auteur de l'*Art de vérifier les Dates* qui admet, comme nous l'avons vu, l'authenticité de cette charte (XIII, p. 173), ne s'est pas aperçu de la contradiction qui existe entre elle et le texte de Guillaume de Jumièges, sur lequel il s'appuie pour dire, dans le même volume (p. 148) : « Ce fut du temps de Roger de Montgommery que les seigneurs de Bellême commencèrent à relever des ducs de Normandie en vertu du don ou de la vente que le roi Philippe en fit à Guillaume le Conquérant (Will. Gemet. apud Bouquet, t. XI, p. 52). »

(3) *Tunc Lydovicus Henrico Bellismum et Cenomanensem comitatum totamque concessit Britanniam.* Orderic Vital, l. X.

(4) Voyez ci-dessus p. 49, note 2; nous avions adopté l'idée, que nous avons tâché d'expliquer p. 49, que la phrase : *Rex autem Henricus*, etc., s'appliquait à l'année 1158 comme le récit de la restitution par Rotrou IV de Moulins et Bonsmoulin, car la construction de la phrase semble l'exiger; mais, par le fait, il n'est pas tout à fait impossible d'identifier *Henricus* avec Henri 1er et *Rotroco* avec Rotrou III et de voir dans cette phrase de Robert de Thorigny la simple mention du don de Bellême à Rotrou après le siège du 3 mai 1114.

croyons qu'on ne doit pas y voir la preuve de la mouvance de
Bellême du duché de Normandie, quoique l'interprétation d'Odolant-Desnos (qui croit que ce fut au roi de France que Rotrou fit
hommage du don qu'il venait de recevoir) nous semble difficile à
admettre (1) quand on lit sans parti-pris la phrase entière. Nous
croyons donc que Rotrou put rendre hommage de Bellême au roi
Henri, sans que Bellême fut pour cela mouvant de la Normandie,
car il faut remarquer que le même individu était constamment
seigneur à la fois de plusieurs terres sans qu'elles fussent pour
cela confondues, et si l'on invoque le traité de Gisors, il faudrait
alors considérer le Maine et la Bretagne, donnés à Henri Ier en
même temps que Bellême, comme faisant aussi partie de la Normandie : le continuateur de Guillaume de Jumièges tranche du
reste la question de la façon la plus décisive en faisant remarquer
que, malgré le don de Bellême fait au roi d'Angleterre, le Bellêmois relevait non du duché de Normandie, mais du royaume de
France. Si Rotrou rendit hommage de Bellême au roi d'Angleterre, cet acte ne fut certainement pas renouvelé et ne put, par
conséquent, devenir le point de départ d'un nouvel usage (2), et le
traité de Paris, en janvier 1194 (n. st.), en est une preuve certaine, car il y est spécifié que le comte du Perche, quoique vassal
du roi de France, tiendrait de Jean-sans-Terre les fiefs de Moulins et Bonmoulins, sis en Normandie, tandis qu'il n'est même
pas question de Bellême, fief pourtant beaucoup plus important
que ces derniers ; enfin Bellême ne figure pas davantage dans la
liste des fiefs de Normandie 3).

(1) « Voici comme le continuateur de la Chronique de Sigebert s'ex-
« prime : *Henricus concessit eidem Rotroco Bellismum castrum et ille
« fecit regi propter hoc hommagium.* Tous les écrivains ont mal à pro-
« pos conclu que Rotrou fit cet hommage à Henri Ier, roi d'Angleterre,
« duc de Normandie; mais ils ont mal entendu ce passage et ceux de
« Guillaume de Jumièges et la Chronique de Normandie. Le roi de France
« céda Bellesme et le Bellesmois ; mais il s'en réserva la mouvance : ce fut
« à lui que Rotrou fit hommage, et Bellesme n'a relevé en aucun temps
« de la Normandie. » Odolant-Desnos : Mém. hist. sur Alençon. Additions (placées à la fin du t. II, p. 1). Odolant-Desnos ne dit pas que les
mots : « *Rex autem* » précèdent le mot *Henricus* par où il commence sa
citation. Voyez le contexte ci-dessus, p. 49, note 2.

(2) Voy. ci-dessus p. 52, note 5.

(3) Voy. p. 55, note 1 *in fine.*

Maison de Montgommery, seigneurs de Montgommery, Bellême, Alençon, etc., comtes de Ponthieu, de la Marche, etc.

HUGUES
seigneur de Montgommery, vicomte d'Exmes, 965
ép. Josseline de Pont-Audemer, nièce de la duchesse Gunnor

- **ROBERT**
- **ROGER**
  seigneur de Montgommery, vicomte d'Exmes, 1048
  comte du Shropshire et d'Arundell; † 28 juillet 1094
  ép. *A* Mabile, dame de Bellême et d'Alençon; † déc. 1082
  B Adèle du Puiset
- **GILBERT**
  défend Montgommery contre Henry Ier en 1054
  empoisonné par Mabile

Enfants de Roger :

- *A* **Emme** — abbesse d'Amenèches † en 1113
- *A* **Mahaut** — ép. Robert cte de Mortain, frère utérin de Guillaume le Bâtard
- *A* **Mabile** — ép. Hugues, sgr de Châteauneuf en Thimerais
- *A* **ROBERT TALVAS** — seigneur de Bellême, Alençon, Séez, 1082, comte du Shropshire et d'Arundell, 1098, emprisonné, 1112; † 1114; ép. Agnès de Ponthieu; † 1105
- *A* **HUGUES** — cte d'Arundell et du Shropshire † 1098
- *A* **PHILIPPE** — le Grammairien † à Antioche en 1096
- *A* **ARNOUL** — comte de Pembrock ép. Lafracoth, fille d'un roi d'Irlande, auteur présumé des d'Egling...a et de Lorges
- *A* **ROGER** — le Poitevin, comte de Lancastre, 1102; † après 1123 ép. avant 1094, Almodis de la Marche
- *A* **Sibile** — ép. Robert Haimon cte de Glocestre † 1107
- *B* **EVRARD** — chapelain de Guillaume et de Henri Ier rois d'Angleterre

Génération suivante :

- **GUILLAUME TALVAS** — seigneur de Bellême, 1112-1114; comte de Ponthieu, 1105, seigneur d'Alençon, 1112; † 29 juin 1172; ép. après 1112, Helle de Bourgogne, veuve de Bertrand, comte de Toulouse
- **Mabile**
- **Mahaut** — abbesse d'Amenèches en 1113
- **Sibile**
- **Marquise** — ép. Gui IV vte de Limoges † 1118
- **BOSON** — comte de la Marche 1118
- **Ponce** — ép. Wulgrain II cte d'Angoulême † 1150
- **ALDEBERT IV** — comte de la Marche 1116-1143 ép. Arengarde qui se remaria à Chalon de Pons
- **EUDES** — comte de la Marche 1.35

Génération suivante :

- **PHILIPPE** — † avant son père
- **GUY** — comte de Ponthieu † à la Croisade, 1147 ép. *A* Mahaut *B* N.... de St-Valery
- **Adèle** — ép. Juhel Ier seigneur de Mayenne
- **Helle** — ép. *A* Guillaume de Warren comte de Surrey; † 1148 *B* Patrick d'Evreux comte de Salisbury; † 1168
- **JEAN Ier** — comte d'Alençon, seigr de Séez et du Sonnois, 1171; † 24 février 1191 ép. Béatrice d'Anjou
- **BERNARD II** — comte de la Marche, 1143-1150

Génération suivante :

- **Agnès** — abbesse de Montreuil
- **JEAN** — cte de Ponthieu 1146; † 1191 ép. Béatrice de Saint-Pol
- **GUY** — sgr de Noyelles, Sénéchal de Ponthieu 1184-1196
- **Ele ou Alice** — dame de Montgommery et du Sonnois ép. Hugues II vte de Châtellerault
- **JEAN II** — comte d'Alençon 24 février 1191 † 6 mai 1191
- **Philippe** — ép. *A* Robert Malet sgr de Graville *B* Guillaume de Roumare
- **ROBERT III** — comte d'Alençon, 1191 † 8 sept. 1217 ép. *A* Mahaut *B* Jeanne de la Guerche, veuve d'Hugues VI vicomte de Châteaudun *C* Emme de Laval, qui se remaria à Math. II de Montmorency puis à Jean de Toen
- **GUILLAUME** — seigneur de la Roche-Mabile † 1203, sans enfants ép. Cécile
- **Ele** — dame d'Amenèches ép. Robert Tesson
- **ALDEBERT V** — comte de la Marche, 1150 vend son comté à Henri II roi d'Angleterre, en 1177 † à Constantinople, 29 ou déc. 1180
- **GÉRARD**

Génération suivante :

- **Adèle** — ép. en 1178 Renaut de St-Valery
- **GUILLAUME** — cte de Ponthieu, 1191 et de Montreuil, 1204 † vers 1221 ép. 1195, Alice de France, sœur de Philippe-Auguste
- **Marguerite** — ép. Enguerrand seigneur de Picquigny † 1224
- *B* **JEAN III** — † sans enfants
- *B* **Mahaut** — † sans enfants
- *C* **ROBERT IV** — par testament, 1217
- **Marquise** — ép. Gui de Combom

CHAPITRE VI

FIEFS NE FAISANT PAS PARTIE DU COMTÉ MAIS SEULEMENT DE LA PROVINCE DU PERCHE

§ 1. Baronnie de Longny. — § 2. Châtellenie de Marchainville. — § 3. Châtellenie de la Motte-d'Iversay.

§ 1. Baronnie de Longny.

Dans la partie du doyenné de Brezolles, la plus voisine du diocèse de Séez, se trouvait la baronnie de Longny, dont les habitants suivaient la coutume du comté du Perche (1) dans lequel elle formait une pointe, quoiqu'elle relevât de l'évêché de Chartres au point de vue féodal.

Il est dit dans une lettre écrite par le subdélégué de Mortagne à l'intendant d'Alençon en 1758 (2) que « la terre de Longny est une très ancienne baronnie, nommée autrefois la baronnie de Val en Fred, à laquelle le sire de Longny fit prendre son nom. » L'explication de ce fait du changement de nom de Longny (mentionné par plusieurs auteurs), se trouve dans d'anciens documents relatifs à cette terre, dont le texte nous a été conservé par G. Lainé, prieur de Mondonville (3).

En juin 1213 et en avril 1214, Girart « *de Boccyo* (4) », chevalier, donnait en gage au chapitre de l'abbaye de Saint-Jean de Chartres toutes les dîmes qu'il avait en sa seigneurie du Val en Pré (ou en Fred), et dans la paroisse de Moulicent, etc. Cette donation fut confirmée en septembre 1246 par Gaston, chevalier, seigneur de Longny, fils de Girart.

En février 1237 n. st., saint Louis avait mandé à Guiard de

(1) Procès-verbal de la rédaction des Coutumes du Perche, p. XVII.

(2) Arch. de l'Orne, C. 752.

(3) Voy. nos pièces justificatives relatives à la baronnie de Longny, à la suite de celles relatives au comté du Perche.

(4) Nous serions tentés d'identifier *Boccium* avec Boissy-Maugis, qui est près de Longny et de Regmalart.

Chambly de saisir la maison de son cher et féal, Gaston de Ré-malart, sise dans le Val-Enfred et jurée audit roi, ainsi que toute la terre dudit Gaston, mouvante de l'évêque de Chartres, et d'en percevoir les revenus pour les rendre ensuite à l'évêque. Gaston de Longny avait payé au roi 15 livres avant l'Ascension de l'année 1238 pour le rachat de la terre qu'il possédait en Corbonnais (1).

Comment le roi avait-il fait saisir par un de ses officiers la maison de Gaston, sise dans un fief de l'évêché de Chartres? Nous serions porté à croire que le roi l'avait fait à la demande de l'évêque dont les officiers n'auraient probablement pas pu exécuter la saisie avec autant d'autorité que ceux du roi; mais ce qui nous semble certain, c'est que le nom de Longny ne fut pas apporté à cette terre par son premier seigneur, puisque le premier que nous trouvions s'appelait Girard de Boccio, et que son fils est appelé tantôt Gaston de Rémalart, tantôt Gaston sire de Longny; c'est ensuite que la seigneurie entière s'appelait le Val-Enfred, parce qu'elle était située dans une vallée ainsi désignée, et que le château de Longny, qui y fut bâti, ayant pris de l'importance, le nom de la vallée où il se trouvait disparut petit à petit, et la seigneurie finit par être désignée par le nom du château.

2° Une sorte de charte notice copiée par Lainé et plusieurs chartes (voy. pièces justificatives), nous apprennent que Girard de Longny, probablement fils de Gaston, ayant rendu aveu au roi de sa tour (de Longny), espérant peut-être se soustraire ainsi à ses devoirs envers l'évêque de Chartres, ce dernier se fit rendre la saisine par le roi (trop loyal pour accepter ainsi un transfuge, et, pour punir son vassal, garda longtemps à main armée la tour, ainsi que toute la terre et reçut les hommages des vassaux; qu'enfin, après beaucoup de réclamations et de plaidoiries devant la cour du Roi, on en vint à convenir, en 1273, que ledit Girard tiendrait à une foy et hommage lige de l'évêque, ladite tour et toute la forteresse, comme il le faisait pour le reste du fief du Val-Enfred; ce qui fut fait jusqu'en 1789, comme le prouvent les aveux.

Le jour de Pâques 1416, l'hommage de la terre de Longny (qui portait déjà ce seul nom en 1294) fut rendu à l'évêque de Chartres, à cause de son château de Pontgouin.

______

(1) Voy. nos pièces justificatives. La terre dont il est question ici était-elle celle de Longny? Nous ne le croyons pas, car Longny ne faisait partie ni de l'archidiaconé du Corbonnais, ni de la châtellenie de Mortagne qu'on pouvait alors désigner sous le nom de Corbonnais pour la distinguer de celle de Bellême, il s'agit plutôt de Regmalart, qui fit plus tard et faisait probablement déjà partie de la châtellenie de Mortagne.

En 1427, sur la réclamation de l'évêque de Chartres, Henri, se qualifiant roi de France et d'Angleterre, invitait son neveu Thomas de Montagu, comte de Salisbury et du Perche, auquel il avait donné les châtellenies, terres et seigneuries de Longny, Marchainville et la Loupe, à en rendre foy et hommage audit évêque.

C'est dans l'aveu du 25 avril 1470 que nous voyons pour la première fois Longny qualifié de baronnie, titre qui lui fut toujours donné par la suite.

La baronnie de Longny s'étendait sur les paroisses de Longny, Monceaux, Moulicent, Brotz et Malétable.

§ 2. Châtellenie de Marchainville.

Nous avons vu plus haut (p. 56) que Thomas, comte du Perche, promit en 1214 au roi de France de lui rendre, quand il le voudrait, le château de Marchainville, et ce, avec l'assentiment de Renaud, évêque de Chartres, son seigneur suzerain. Marchainville relevait, en effet, et continua à relever en foy et hommage lige de l'évêque de Chartres, comme le prouvent les aveux qui nous en ont été conservés (1); mais cette châtellenie, régie par la coutume du Perche, n'en fit pas moins toujours partie de la province de ce nom. Le château de Marchainville, dont il reste des ruines importantes, appartint au XIVe siècle, aux familles de Melun, de Husson et Cholet.

Marchainville est quelquefois nommée *Marchesvilla in Pertico* (2) pour la distinguer de Marchéville (canton d'Illiers) qui est en Beauce.

§ 3. Châtellenie de la Motte-d'Iversay.

Le chef-lieu de cette châtellenie fort peu importante, au moins à la fin du moyen âge, était situé en la paroisse de l'Hôme-Cha-

(1) Voy. nos pièces justificatives.

(2) Nous croyons que M. Merlet s'est mépris en indiquant, à l'article de Marchéville, dans le dict. top. d'Eure-et-Loir, parmi les désignations appliquées à ce lieu, celle de *Marchesvilla-in-Pertico*, car Marchainville, situé du reste en pleine région du Perche, est ainsi désigné dans plusieurs aveux, et il serait étonnant que Marchéville qui est en Beauce fut désigné de même.

mondot, en un lieu marqué sur la carte de l'état-major sous le nom de la Motte. Il est intéressant de noter que la paroisse de Saint-Maurice-sur-Huisne, située à quatre lieues environ de la Motte-d'Iversay, se nommait en 1126 : *Sanctus Mauricius de Evraciaco,* et en 1178 : *S. M. de Ivertiaco* (1), et qu'un moulin, sis dans cette paroisse, sur la rive droite de l'Huisne, en face de Boissy-Maugis, porte le même nom, écrit Yvercé sur la carte de l'état-major. Nous avons jusqu'ici trouvé fort peu de renseignements sur cette châtellenie; elle appartenait en 1558 à messire Esprit de Harville, chevalier, seigneur de Palaiseau et de la Motte-Diversay, qui comparut à la rédaction des coutumes du Perche, mais fit remontrer que ladite châtellenie n'était sujette ni tenue du comté du Perche et que la comparution qu'il faisait était seulement pour le fait de la coutume du Perche, qui était observée en ladite châtellenie, excepté qu'il y avait quelques coutumes locales et particulières, lesquelles après en avoir communiqué et délibéré avec les gens des trois états de ladite châtellenie, il avait fait rédiger par écrit en un cahier qu'il présenta et qui est publié dans le procès-verbal (2).

(1) Essai sur la topographie ancienne du département de l'Orne, par Louis Duval, p. 60 et 89.

(2) Coutumes du Grand-Perche, édit. 1787, p. 85 et 108.

CHAPITRE VII

LA PROVINCE DU PERCHE
ET LES CIRCONSCRIPTIONS D'ORDRES DIVERS
DONT ELLE FAISAIT PARTIE
OU QUI FAISAIENT PARTIE D'ELLE

§ 1. *Divisions ecclésiastiques.* — § 2. *Féodales.* — § 3. *Judiciaires.* —
§ 4. *Législatives.* — § 5. *Représentatives.* — § 6. *Financières.* —
§ 7. *Militaires.*

§ 1. Divisions ecclésiastiques.

Nous avons vu p. 15 que le territoire qui fut occupé plus tard
par la province du Perche se trouvait divisé entre plusieurs peuples Gaulois : les Carnutes, les Aulerces Essuins et les Aulerces
Cenomans (1, et entre plusieurs sous-divisions administratives
romaines : la 2ᵉ, la 3ᵉ et la 4ᵉ lyonnaises : la permanence des
divisions ecclésiastiques depuis l'établissement des diocèses en
Gaule jusqu'à la Révolution et leur concordance presque cons-
tante avec les divisions civiles nous ont permis de retrouver d'une
façon à peu près certaine les limites de ces peuples Gaulois.

Nous allons donner maintenant la liste des paroisses de la
province du Perche appartenant à chacun des trois diocèses de
Séez, de Chartres et du Mans, qui se partageaient cette province.

La partie de la province du Perche qui faisait partie du diocèse
de Séez coïncidait exactement avec l'ancien archidiaconé du Corbonnais, dont fut démembré, après le xᵉ siècle, l'archidiaconé du
Bellêmois, composé des doyennés de Bellême et de la Perrière,

(1) Nous ne parlons pas ici des Eburons que nous citions page 15, parce
que nous nous occupions dans cet endroit de notre étude de la *région
physique du Perche*, qui comprend une partie du Thimerais, dont le territoire était voisin des Eburons et peut-être occupé en partie par eux,
tandis que dans le présent chapitre nous n'étudions que la *province du
Perche.*

tandis que l'archidiaconé du Corbonnais ne comprenait plus, depuis ce démembrement, qu'un seul décenné, celui de Corbon, dont le siège fut transporté à Mortagne après la ruine de Corbon.

Voici la liste des paroisses du *Doyenné de Corbon* (1) :

Bazoches-sur-Hoëne (St Pierre)
Bivilliers   (Id.)
Boëcé   (St Aubin)
          (réuni à la Mesnière)
Bresolettes   (St Pierre)
Bubertré   (St Denis)
Champeaux-sur-Sarthe (N.-D.)
Champs   (St Évroult)
la Chapelle-Montligeon (St Pierre)
Comblot   (St Hilaire)
Corbon   (St Martin)
Coulimer   (St Pierre)
Courcerault   (Id.)
Courgeon   (N.-D.)
Courgeoût   (St Loiner)
Courtoulin   (St Hilaire)
     (réuni à Bazoches-s.-Hoëne)
Feings   (St Gervais)
Lignerolles   (N.-D.)
Loisail   (St Germain)
Loisé   (Id.)
Longpont   (St Nicolas)
     (réuni à la Mesnière)
Maison-Maugis   (St Nicolas)
Mauves   (St Pierre)
Mauves   (St Jean)
     (réuni à St-Pierre au XIIIe
         ou XIVe siècle)
la Mesnière   (St Gervais)
Mortagne   (N.-D.)

Mortagne   (St Malo)
     (réuni à St-Jean, puis à N.-D.)
Mortagne   (St Jean)
     (réuni à N.-D.)
Parfondeval   (N.-D.)
Prépotin   (St Jacques)
Réveillon   (St Martin)
Saint-Aubin-de-Courteraie,
Sainte-Céronne-lez-Mortagne,
Saint-Denis-sur-Huisne,
     (réuni à Réveillon)
Saint-Étienne-sur-Sarthe,
Saint-Germain-de-Martigny,
Saint-Hilaire-lez-Mortagne,
     (nommé autrefois le Pigeon)
Saint-Langis-lez-Mortagne,
Saint-Mard-de-Coulonges,
Saint-Mard-de-Réno,
Saint-Martin-des-Pézerits,
Saint-Ouen-de-Sécherouvre,
Saint-Quentin-de-Blavou,
Saint-Sulpice-de-Nully,
     (réuni à St-Hilaire-lez-Mort.)
Saint-Victor-de-Réno;
Soligny-la-Trappe (St Germain)
Soligny-la-Trappe   (St Pierre)
Théval   (St Ouen)
     (réuni à Mortagne)
Villiers-sous-Mortagne (St Prejet)

Le *Doyenné de Bellême* comprenait les paroisses suivantes :

Appenay-sous-Bellême (St Germain)
Bellême   (St Sauveur)
Bellême   (St Pierre)
     (réuni à St-Sauveur)
Beilou-sur-Huisne (St Paterne)

Berd'huis   (St Martin)
le Buisson
(portait le nom de Colonard avant
     la translation de l'église au vil-
     lage du Buisson en 1859)

(1) Nous indiquons dans ces listes toutes les paroisses ayant, à notre connaissance, fait partie à un moment quelconque de ces doyennés : elles n'ont donc pas toutes co-existé.

Nous avons puisé les éléments de cette liste dans l'*Essai sur la topographie ancienne du département de l'Orne, de M. Duval, qui, se plaçant au point de vue départemental, classe les paroisses par cantons; nous donnons au sujet des paroisses supprimées des indications différentes des siennes, car nous indiquons la *paroisse* à laquelle chacune d'elle a été réunie, et M. Duval indique la *commune*, qui n'est pas toujours la même que la paroisse.

Donjon de Nogent-le-Rotrou

(Façade Ouest)

Dessiné par le Vte de Romanet, d'après une phothographie du Vte de Souancé.

la Chapelle-Souëf   (St Pierre)
Colonard   (St Martin)
  (l'église de cette paroisse a été
  supprimée et transportée en 1859
  au village du Buisson, dont elle
  porte aujourd'hui le nom)
Condeau   (St Denis)
Corubert   (St Pierre)
  (réuni à Colonard ou le Buis-
     son, 1876)
Courthioust   (N.-D.)
  (réuni à Colonard, 1820)
Dame-Marie   (N.-D.)
Dancé   (St Jouin)
Gemages   (St Martin)
l'Hermitière   (la Ste Trinité)
Nocé   (St Martin)
Préaux   (St Germain)
la Rouge   (St Rémy)
Saint-Aignan-sur-Erre,
Saint-Aubin-des-Grois,

Saint-Cyr-la-Rosière,
Sainte-Gauburge-de-la-Coudre
  (réuni à Saint-Cyr-la-Rosière)
Saint-Germain-de-la-Coudre,
     Id.
Saint-Germain-des-Grois,
Saint-Hilaire-des-Noyers,
  (réuni à Saint-Jean-de-la-Forêt,
   1812, puis au Buisson (ou
   Colonard, 1876)
Saint-Hilaire-sur-Erre,
Saint-Jean-de-la-Forêt,
Saint-Martin-du-Douet,
  (réuni à Dame-Marie, 1801)
Saint-Maurice-sur-Huisne,
Saint-Ouen-de-la-Cour ou Bure,
Saint-Pierre-la-Bruyère,
Saint-Quentin-le-Petit,
  (réuni à Nocé)
Serigny   (St Rémy)
le Theil   (N.-D.)
Verrières   (St Ouen)

Le *Doyenné de la Perrière* comprenait les paroisses suivantes :

Barville   (N. D.)
Bellavilliers   (Id.)
Buré   (Id.)
Chemilly   (St Germain)
Eperrais   (St Pierre)
le Gué-de-la-Chaine   (St Latuin)
  (démembré de Saint - Mar-
   tin-du-Vieux-Bellême, en
   1872)
Igé   (St Martin)
Marcilly   (N.-D.)
  (réuni à Igé)
Montgaudry   (St Rémy)
Origny-le-Butin   (St Germain)

Origny-le-Roux   (St Pierre)
la Perrière
Pervenchères   (N.-D.)
le Pin-la-Garenne   (St Barthélemy)
Saint-Fulgent-des-Ormes,
Saint-Hilaire-de-Soisay,
  (était réuni à la Perrière,
   en 1588)
Saint-Jouin-de-Blaveu,
Saint-Julien-sur-Sarthe,
Saint-Martin du-Vieux-Bellême
Suré   (St Martin)
Vaunoise   (St Jacques)
Viday   (Id.)

Les paroisses de la .I province du Perche qui faisaient partie du diocèse de Chartres n'étaient pas comprises exactement, comme

(1) Nous donnons cette liste des paroisses du diocèse de Chartres avec l'indication du nombre des communiants de chacune d'entre elles, d'après le cartulaire de Notre-Dame de Chartres, publié par MM. de l'Epinois et Merlet, qui ont omis les paroisses encore existantes de Monceaux et Regmalart, et les paroisses supprimées de Riveray, Saint-Marc, Feillet et la Motte-d'Iversay. Ces chiffres, donnant pour chaque paroisse le nombre des fidèles qui approchaient de la sainte table, ne comprennent, par conséquent, ni les enfants au-dessous de dix ou douze ans, ni les adultes atteints d'idiotisme ou de folie; ils sont donc fort inférieurs au chiffre total de la population.

celles du diocèse de Séez, dans les limites d'un archidiaconé (celui
de Bellême n'étant qu'un démembrement de l'ancien archidiaconé du Corbonnais , mais les unes se trouvaient dans le Grand-
Archidiaconé, les autres dans celui de Dreux.

Les paroisses suivantes de la province du Perche faisaient partie du *Doyenné du Perche* ou de Nogent-le-Rotrou, compris lui-
même dans le Grand-Archidiaconé du diocèse de Chartres (1) :

communis			communants		
Argenvilliers	(St Pierre	385	Montireau	(S Barthélemy)	160
les Autels-Tubœuf	(N.-D)	71	Montlandon	(St Jacques	140
(réuni à Beaumont)			Nogent-le-Rotrou	(N.-D.)	1300
Beaumont-le-Chartif	(N.-D.)	450	Nogent-le-Rotrou	(St Hilaire)	1800
Béthonvilliers	(St Martin)	195	Nogent-le-Rotrou	(St Laurent)	1100
Bretoncelles	(St Pierre	800	le Pas-St-Lomer	(St Lomer)	130
Brunelles	(St Martin)	328	Riveray		...
Champrond-en-Perchet	(St Aubin	110	(réuni à Condé-sur-Huisne)		
Condé-sur-Huisne	(N.-D.)	670	Saint-Denis-d'Authou,		260
Coudray-au-Perche	St Pierre	360	Saint-Eliph,		1050
Condreceau	(St Lubin	70	Saint-Hilaire-des-Noyers,		120
Coulonges-les-Sablons	St Germain	410	(réuni à Saint-Denis-d'Authou)		
Coutretot	St Brice	85	Saint-Jean-des-Meurgers		60
(réuni à Trizay)			(réuni à Meaucé)		
les Etilleux	(N.-D.)	170	Saint-Jean-Pierrefixte,		180
Fontaine-Simon	(Id)	330	Saint-Marc (réuni à Vichères)		.
Frétigny	(St André)	520	Saint-Serge (réuni à Trizay)		50
la Gaudaine	(N.-D.)	120	Saint-Victor-de-Buton,		500
Mâle	(St Martin	500	Souancé	St Georges	700
Margon	(N.-D.)	358	Souazé	(St Thomas	400
Marolles	(St Vincent	260	(réuni à Brunelles)		
Meaucé	(St Léonard)	170	Trizay-au-Perche (St Martin)		150
			Vichères	(N.-D.)	400

Le *Doyenné de Brou*, du Grand-Archidiaconé, fournissait à la
province du Perche les paroisses de :

Combres	(N.-D.)	250	Montigny-le-Chartif	(St Pierre et Paul)	540
Happonvilliers	(St Pierre	230	Nonvilliers	(St Anastase)	150

Le *Doyenné de Courville*, du Grand-Archidiaconé, ne fournissait à la province du Perche que la paroisse de :

le Favril	(St Pierre	350

(1) Le doyenné du Perche comprenait encore les paroisses de Gardais,
Guéhouville, la Loupe, Luigny et les Yys, qui ne faisaient pas partie de la
province du Perche.

Enfin, le *Doyenné de Brezolles*, de l'*Archidiaconé de Dreux*, du diocèse de Chartres, lui fournissait :

		communts			communts
Autheuil	(N.-D.)	200	Marchainville	(N.-D.)	300
Bisou	S‘ Germain	150	les Menus	(S‘ Laurent)	250
Boissy-Maugis	(Id.)	500	Monceaux	(S‘ Jean)	. . .
Brotz	(N.-D.)	100	la Motte-d'Iversay		. . .
(réuni à l'Hôme-Chamondot)			(réuni à l'Hôme-Chamondot)		
Doreeau	(S‘ Etienne)	360	Moulicent	(S‘ Denis)	320
Feillet, réuni au Mage		. . .	Moutiers-au-Perche	N.-D.	600
l'Hôme-Chamondot (S‘ Mart.)		180	Neuilly-sur-Eure S‘ Germain		400
la Lande-sur-Eure (S‘ Jean)		300	la Poterie-au-Perche S‘ Pierre		150
Longny	S‘ Martin)	2500	(réuni à la Ventrouze)		
la Madeleine-Bouvet			Randonnai	(S‘ Malo	200
	(S‘‘ Madeleine)	250	Regmalart	S‘ Germain	.
le Mage	(S‘ Germain	400	Tourouvre	(S‘ Aubin	800
Malétable	(S‘ Laurent	110	la Ventrouze (S‘‘ Madeleine)		100

D'après M. Duval (1) la paroisse de Contrebis (aujourd'hui réunie à Randonnai), qui faisait partie de la province du Perche et avait pour patronne sainte Madeleine, faisait partie du *Doyenné de Laigle*, de l'*Archidiaconé d'Ouche* et du *diocèse d'Evreux*.

La province du Perche comprenait encore tout ou partie des paroisses suivantes du *diocèse du Mans* :

Avezé en partie	Pouvray (S‘ Martin)
Bellou-le-Trichard N.-D. en partie	Préval ou Gastineau en partie
Ceton S‘ Pierre	Saint-Cosme-de-Ver en partie
la Chapelle-St-Rémy en partie	Saint-Denis-des-Coudrais (en part.)
Champrond-sur-Braye en partie	Saint-Jean-des-Echelles en partie
Nogent-le-Bernard en partie	Théligny (en partie
Dollon en partie	

L'évêque de Séez avait à Mortagne un *official* chargé de juger les causes ecclésiastiques de la partie percheronne du diocèse de Séez (archidiaconés du Corbonnais et du Bellêmois), afin, dit Bry, que les Percherons ne fussent pas tenus d'aller à Séez, qui se trouvait en Normandie; les appels des jugements de cette *officialité* étaient portés non à Rouen, comme ceux de la partie normande du diocèse de Séez, mais devant le grand-vicaire de l'archevêque de Rouen à Pontoise; quelquefois aussi, l'archevêque donnait des juges *in partibus* pour juger ces appels (2).

L'évêque de Chartres avait à Nogent-le-Rotrou un official nommé *official du Perche*, qui avait dans sa juridiction les pa-

(1) Essai sur la topographie ancienne du département de l'Orne, p. 64.

(2) Bry, qui nous donne ces détails (p. 5 et 8), dit que c'est le président de Riant (Denis, mort avant 1540) qui avait fait décider, par arrêt du parlement de Paris, l'établissement de cette officialité.

roisses du diocèse de Chartres qui faisaient partie de la province du Perche.

Quant aux paroisses percheronnes du diocèse du Mans, elles relevaient certainement de l'officialité du Mans.

Outre les divisions en diocèses, qui sont de beaucoup les plus importantes au point de vue religieux, plusieurs ordres religieux, militaires et hospitaliers avaient adopté pour l'administration ou le groupement de leurs établissements un système de provinces ou circonscriptions spéciales pour chacun d'eux et dont la connaissance est indispensable pour l'étude de ces établissements et la recherche de ce qui subsiste de leurs archives; nous ne pouvons donner ici ces indications qui nous entraîneraient trop loin, mais nous espérons pouvoir y revenir dans une autre étude.

§ 2. Divisions féodales.

Il est à peu près certain, comme nous l'avons vu plus haut p. 18, que le *pagus Corbonensis* ou comté de Corbon fit partie du duché de France au IXe siècle, et en tout cas tout à fait certain que ni le comté de Corbon, ni le comté de Mortagne, qui lui succéda après la destruction de Corbon, ni plus tard le comté du Perche ne firent jamais partie du duché de Normandie; aussi n'y a-t-il aucune raison de supposer que le diocèse de Séez tout entier ait été cédé en 924 au duc de Normandie par le roi Raoul (1), puisqu'aucun document ne le prouve et que tout indique le contraire, et croyons-nous que M. Longnon s'est mépris en indiquant le comté de Mortagne comme faisant partie du duché de Normandie vers 1032 (2), car en supposant même que le comte du Perche ait alors été vassal du duc de Normandie, ce que rien ne prouve, il est moralement impossible qu'il soit arrivé à s'affranchir d'une pareille suzeraineté sans qu'il en soit resté la moindre trace dans les récits d'aucun des chroniqueurs normands; or, *le comte du Perche était incontestablement vassal immédiat du roi de France en 1200*, puisqu'il est indiqué avec

____

(1) « Le diocèse de Bayeux ainsi que celui du Mans et *conséquemment* le diocèse de Séez furent cédés en 924 au nouvel État [la Normandie] par le roi Raoul... A l'exception du Maine, dont l'occupation par les Normands ne fut *probablement* pas consommée, les pays successivement cédés à Rollon et à Guillaume Longue-Épée, son fils et successeur, constituèrent le glorieux duché féodal de Normandie. » (A. Longnon : Atlas historique de la France, p. 85.)

(2) Atlas historique de la France, pl. XI, carte de la France vers 1032.

cette qualité et sert de caution au roi de France dans le traité du
Goulet (1). M. Longnon s'est donc certainement mépris en disant
que le roi de France ne fut suzerain immédiat du comte du Perche qu'à partir de 1204 et qu'en qualité de duc de Normandie (2).
Outre le texte que nous venons de citer pour l'année 1200 et qui
ne laisse pas le moindre doute, le traité de Paris de janvier 1194
n. st. nous semble presque aussi concluant : en effet, il y est
convenu entre Philippe-Auguste et Jean-sans-Terre que le comte
du Perche obtiendra les châteaux de Moulins et de Bonmoulin,
situés en Normandie, et les tiendra en fief de Jean-sans-Terre,
or, si le comte du Perche avait été vassal du duc de Normandie
pour son comté du Perche, comment le roi de France aurait-il
stipulé que ce comte obtiendrait telle ou telle terre en Normandie? (3) Enfin, le comté du Perche n'est pas compris dans la liste
des fiefs de Normandie (4), qui comprend au contraire les fiefs
normands de Moulins et de Bonmoulin; et il aurait été au moins
singulier d'omettre un fief de cette importance. Il n'est pas
superflu de remarquer que la tradition et tous les auteurs anciens,
depuis le continuateur de Jumièges que nous avons cité plus
haut (5), sont unanimes pour déclarer que le comté du Perche n'a
jamais fait partie du duché de Normandie, tandis que l'opinion
contraire n'est appuyée sur aucune espèce de preuve, ni même
de commencement de preuve.

Ce que nous venons de dire du comté du Perche ne s'applique
qu'à la partie qui correspondait au *pagus Corbonensis* et à l'ancien archidiaconé du Corbonnais ou aux archidiaconés plus
récents du Corbonnais et du Bellêmois; car Nogent et les cinq
châtellenies qui en relevaient et qui contribuèrent, à la fin du
XIe siècle, à former le comté du Perche, continuèrent à relever

(1) *Dominus quoque rex Francie similiter dedit nobis securitates de
hominibus suis subscriptis : scilicet : comite Roberto Drocarum, Gaufrido comite Pertici...* Arch. nat. J 628, n° 4, pub. par M. Teulet, I, 218.
Voyez ci-dessus p. 54, note 4.

(2) « Le nombre des vassaux de la Couronne s'accrut notablement, dans
l'ouest de la France, en suite de la confiscation des fiefs de Jean-sans-
Terre. C'est seulement à partir de 1204 que le roi de France fut le suzerain immédiat du comte de Bretagne et des autres comtes moins importants d'Eu, d'Aumale, de Longueville, de Mortain et du Perche, anciens
vassaux du duc de Normandie. » A. Longnon : Atlas historique de la
France, p. 253. — Nous croyons en outre qu'être *vassal du roi à cause de
son duché de Normandie, à cause de son comté du Maine, ou d'Anjou,*
et qu'être *vassal de la Couronne ou du roi à cause de sa Couronne,*
n'était pas du tout la même chose.

(3) Voyez ci-dessus, p. 52, note 5.

(4) Publiée par Duchesne : *Historiæ Normannorum scriptores antiqui.*

(5) Voyez p. 103, note 5.

du comte de Chartres (1) jusqu'au commencement du XIVᵉ siècle (2). La châtellenie de Marchainville qui appartint aux premiers
comtes du Perche, n'était pas non plus sous la suzeraineté immédiate de la couronne, mais sous celle de l'évêché de Chartres,
comme nous l'avons vu plus haut.

Enfin, M. Longnon dit que vers 1032 des terres relevant du
seigneur du Thimerais étaient annexées au comté de Mortagne (3), ce qui semble vouloir dire que le comte de Mortagne
possédait des terres en raison desquelles il était vassal du seigneur du Thimerais ; mais il ne dit pas malheureusement où il a
puisé ce renseignement, et sans en être absolument sûr, nous
croyons que c'était le contraire qui avait lieu : c'est-à-dire que le
seigneur du Thimerais possédait des terres en raison desquelles
il était vassal du comte de Mortagne, soit en qualité de comte de
Mortagne, soit en celle de seigneur de Nogent-le-Rotrou. Nous
croyons de plus que ces terres étaient celles de Regmalart et de
ses dépendances, car Regmalart relevait du comté du Perche et
après le siège de 1078 (4), dont le récit a dû servir de source à
M. Longnon, nous le voyons possédé par des seigneurs que
Souchet (hist. de Chartres dit alliés de ceux du Thimerais et qui,
comme ces derniers, portaient souvent le nom peu répandu de
Gasse, Guazzon ou Gaston.

Le comté du Perche était, depuis la fin du XIVᵉ siècle, formé de
deux membres : la châtellenie de Mortagne et celle de Bellême
dont relevait entre autres la baronnie de Nogent-le-Rotrou, et les
aveux des vassaux du comté étaient rendus *au comte du Perche à
cause de son château de Mortagne,* ou *à cause de son château de
Bellême;* l'étendue de ces châtellenies n'était pas la même que
celle des divisions financières du même nom, dont nous allons
parler tout à l'heure (5).

(1) Et non du comté de Blois, comme on pourrait le croire d'après la
pl. XI, 1052, de M. Longnon. Il nous semble regrettable que M. Longnon, dans les cartes (si savantes et remarquables du reste) qu'il publie,
ait confondu plusieurs fiefs distincts, appartenant à un moment donné au
même seigneur, sous le nom d'un seul de ces fiefs: ainsi, dans la belle
carte de la France en 1052 (pl. XI), tout un groupe de fiefs est réuni sous
la légende de : *comté de Blois;* il eut été, croyons-nous, plus exact et aussi
simple de mettre : *au comte de Blois* ou *possessions du comte de Blois
ou de Chartres,* mention du reste un peu inutile, puisqu'un teintage l'indique déjà.

(2) Voyez ci-dessus, p. 75 et 81 et nos pièces justif. 8, 9, 10, 11, 50, etc.

(3) Atlas historique de la France, p. 220.

(4) Voyez ci-dessus, p. 43, note 4.

(5) Nous n'étudierons pas ici le détail des divisions féodales du comté
du Perche, car nous comptons le faire amplement dans le dictionnaire des
fiefs du comté du Perche, que nous préparons depuis longtemps.

§ 3. Divisions judiciaires.

Si on examine la façon dont la justice était rendue dans la province du Perche, on peut distinguer trois grandes périodes pendant chacune desquelles l'organisation judiciaire revêt dans notre pays des formes différentes (1).

La première commence à l'établissement de la féodalité et se termine en 1226 à la mort du dernier comte du Perche de la première race : pendant cette période, suivant les principes féodaux alors appliqués, le comte du Perche jugeait en sa cour, c'est-à-dire entouré de ses vassaux, les contestations qui lui étaient soumises ou ceux de ses sujets accusés d'un crime, et les jugements de ce tribunal devaient être à peu près définitifs, car l'appel au roi (son suzerain pour le Corbonnais et le Bellêmois) ou même au comte de Chartres (son suzerain pour Nogent-le-Rotrou) était, croyons-nous, peu usité, s'il était admis en droit. Bry publie un jugement rendu ainsi par le comte Geoffroy IV (1079 † 1100) à Saint-Denis de Nogent-le-Rotrou et un autre rendu en présence de Rotrou III (1100 † 1144) et de sa sœur Julienne à Bellême (2).

Les seigneurs de Bellême rendaient de même la justice dans leur fief, comme nous voyons Robert de Bellême le faire en 1086 (3) et les prédécesseurs des seigneurs que nous verrons plus tard posséder le droit de haute, moyenne et basse justice,

(1) Nous n'avons pas à nous occuper des siècles reculés dont on a fini par éclaircir l'histoire et les mœurs au point de vue général ; en compulsant les travaux importants qui y ont été consacrés, il serait facile de dire ce qu'on sait aujourd'hui de la façon dont la justice était administrée chez les Gaulois, les Gallo-Romains, les Mérovingiens et les Carolingiens, mais nous préférons renvoyer à ces ouvrages, n'ayant pas trouvé de documents qui se rapportent spécialement au pays dont nous nous occupons.

(2) ... *Post hœc autem Salierius quidam miles cœpit memoratam terram calumniare, dicens sibi injuste auferri. Unde ipse et monachi ad judicium coram multis nobilibus viris qui ad ipsum, ab utrisque partibus fuerant convocati, in curia Sancti-Dionysii a domino Gaufrido comite venire sunt jussi ....* (Bry, p. 155). *Nobilibus itaque omnibus insimul convocatis, ... ut primum fuerat ex toto judicaverunt. Prœpositus quoque, nomine Paganus, sexdecim denarios, ... justo judicio procerum et burgensium Bellismensium... priori reddidit, quod viderunt et audierunt isti : Rotrocus comes, Juliana soror illius...* (Bry, p. 179).

(3) ... *anno... 1086... convenerunt ante Robertum de Bellismo, in aula ipsius Bellismi, abbas Sancti Petri... Ibi ergo congregatis tam prece quam admonitione Roberti Bellismensis pluribus abbatibus et monachis, multisque baronibus laïcis, ipsius curiæ judicio decretum est ut... Hujus autem placiti judices fuerunt...* (Bry, p. 82.)

avaient certainement également le droit et le devoir de rendre la justice chacun dans leur fief, droit plus ou moins étendu, suivant la coutume et l'importance du fief. L'assistance des vassaux en la cour de leur seigneur pour juger le délit criminel ou la réclamation civile de leur pair était obligatoire comme l'indique la seconde phrase de la citation précédente (note 3 de la page 119).

D'après la tradition, plutôt que d'après un texte précis, la cour des comtes du Perche pour juger leurs vassaux du Corbonnais se serait nommée la *Calende du Corbonnais*; en tout cas, l'assemblée de cette Calende, quelqu'en ait été l'objet, se tenait dans la grande salle du prieuré de Chartrage, près Mortagne (1). Il est probable qu'à cause de l'origine diverse des trois territoires de Mortagne, Bellême et Nogent-le-Rotrou qui composaient le comté du Perche, les vassaux de chacun de ces trois territoires étaient convoqués séparément à la cour du comte, soit qu'il la tint dans l'une ou dans l'autre de ces villes, ou dans une localité moins importante; les comtes du Perche avaient un prévôt dans chacun de leurs châteaux (2), mais nous croyons que les fonctions de ces officiers étaient plutôt celles d'un régisseur ou d'un garde que celles d'un magistrat.

La seconde période commence à la première réunion du comté du Perche au domaine de la Couronne en 1226 et finit en 1572. Nogent-le-Rotrou se trouva en 1226 séparé pour quelque temps, comme nous l'avons vu, du reste du comté du Perche, aussi, tant qu'il appartint à la maison de Châteaugontier, le mode d'administration de la justice ne dut pas s'y modifier beaucoup; dans Corbonnais et le Bellêmois, au contraire, le roi était devenu le le seigneur direct et immédiat. Quoique les rois de France visitassent alors fréquemment leurs domaines, un séjour toujours passager n'était pas comparable à la présence habituelle des anciens comtes, et le roi n'étant pas là assez souvent pour présider régulièrement la cour de son comté et en diriger les débats, dut charger un de ses officiers de le représenter : cet officier eut dans le comté du Perche le nom de *bailly* (3). Mais, les barons et

(1) Peut-être les comtes du Perche avaient-ils l'habitude de tenir leur cour de justice en Corbonnais le premier jour de chaque mois, ou jour des Kalendes? Voyez Bart des Boullais qui donne la description des blasons des principaux seigneurs percherons peints sur les murs de cette salle.

(2) Ces *prévôts, prepositus*, sont souvent nommés dans les cartulaires du pays ; voyez notamment celui de la Trappe. Le terme de *prévôt* ou de *viguier* fut usité dans l'Ile-de-France et dans d'autres provinces pour désigner un officier dont la juridiction, inférieure à celle du *bailly*, correspondait à celle qui portait, dans la province du Perche, le nom de *vicomté*.

(3) Le titulaire de ces fonctions reçut dans d'autres provinces (dans presque toutes celles du Midi et même quelques-unes du Nord, comme le Maine) le nom de *sénéchal;* les termes de *bailly* ou *bayle (ballivus)* et de sénéchal *(senescallus)* sont donc synonymes à partir du XIIIe siècle.

chevaliers qui acceptaient la direction de leur seigneur et auraient accepté celle du roi ne s'inclinaient pas aussi facilement devant un fonctionnaire, celui-ci, de son côté, ayant sa responsabilité couverte vis-à-vis de ses administrés par le nom du roi qu'il représentait, devait trouver préférable à tous égards de se passer de conseillers gênants et d'accaparer toute l'autorité et tout le pouvoir judiciaires. Aussi, probablement après une période intermédiaire sur laquelle nous n'avons pu encore recueillir assez de documents, la cour féodale disparait complètement et la comparution des vassaux cesse comme droit et comme devoir : le bailly devient seul juge suprême du comté : il est bailly royal pendant les époques de réunion à la Couronne, et simple bailly pendant les apanages.

Pierre Mauclerc avait un bailly à Bellême pendant l'époque où cette ville fut en sa possession (1).

Un compte de recettes de mai 1238 (2) du bailliage de Bellême nous a été conservé et la somme importante qui se trouve inscrite comme produit du *bailliage*, prouve bien que cette somme n'était pas seulement le total des amendes judiciaires, mais aussi de certains revenus domaniaux que le bailly était chargé de recevoir avant l'institution des *receveurs du domaine*.

Dans le budget de 1252, on parle du *bailliage* sans qu'il soit indiqué si ce terme comprend le Corbonnais et le Bellêmois ou seulement ce dernier (2); dans le budget de 1271 (2), on mentionne la dépense des travaux exécutés dans le *bailliage du Perche* (3).

Un jugement du parlement de l'Ascension de l'an 1260 mentionne la *Cour du Roi dans le Perche* prise dans le sens juridique (4). Soit que le comte Pierre I, lorsqu'il eut reçu en apanage les comtés d'Alençon et du Perche en 1270, eut institué un seul bailly pour le Perche et l'Alençonnais ou un bailly distinct pour chacun de ces comtés, il jouissait du droit du *plait de l'épée* dans les deux comtés (5); et le parlement étant déjà organisé à

____

(1) Arch. nat. S 2258, n° 59. Charte de mai 1227 de Mathieu de Coimes, qui s'intitule : *senescallus ducis Britannie et ballivus Bellismensis.*

(2) Voy. les pièces justificatives.

(3) On n'y parle pas des gages du bailly du Perche, mais comme l'exercice financier ne comprenait pas alors une année entière, l'absence de mention des gages du bailly ne prouve pas la non existence de cet officier.

(4) Voyez la pièce justificative n° 40.

(5) Voyez ci-dessus p. 78, note 5. — Le *plait de l'épée* n'était-il que le droit de haute justice, comme il est dit dans l'Art de vérifier les dates, ou n'était-ce pas plutôt le droit de tenir une cour supérieure jugeant les appels des juridictions inférieures et semblable à la cour des anciens comtes? Les textes ne nous l'ont pas encore appris.

cette époque, les appels des juridictions du ou des comtés y étaient
certainement portés.

Une charte de 1312 nous apprend que Robert Guosseaume
était, à cette date, *vicomte* d'Alençon et du Perche (1).

Enfin l'existence et les fonctions judiciaires du *bailly du Perche* ne sont plus douteuses en 1379 (2), époque où le roi permet
au comte du Perche d'avoir des *Grands-Jours* devant lesquels
devaient être portés les appels des sentences rendues par le
bailly du Perche (3).

Les *Grands-Jours* du Perche se tenaient de trois mois en trois
mois d'après Courtin, et de deux ou de trois ans en trois ans selon
la nécessité, suivant Bry (p. 7), et si on appelait des sentences
des Grands-Jours, l'appel était reporté en la Cour de Parlement (4).
Charles IV, par lettres patentes d'août 1523, créa un président en
ses Conseils et six conseillers pour tenir les Grands-Jours du Perche, aux gages de 100 livres pour le président et 25 livres pour
chaque conseiller (3).

Les Grands-Jours du Perche furent supprimés après la mort
de la comtesse Marguerite, arrivée le 2 décembre 1549 (5).

L'édit royal de 1552, qui établit des *présidiaux*, plaça le
bailliage du Perche dans le ressort du présidial de Chartres, qui
dépendait du Parlement de Paris (6).

Pour les cas ordinaires, le juge en première instance était donc
le vicomte du Perche ou le bailly de la justice seigneuriale (sui-

---

(1) Arch. nat. J 227, nº 51. — Une charte de l'an 1300 (citée par Bry,
p. 272), relative à une vente de bois en la forêt de Bellême, est adressée au
bailly d'Alençon; mais le comte Charles Iᵉʳ pouvait se faire payer à Alençon une dette relative au domaine du Perche, tout en ayant un bailly du
Perche.

(2) Vastin de Huval dit Picart était bailly du Perche et de Châteauneuf-
en-Thimerais, le 19 septembre 1481 (Arch. nat. P 290 ² cote 598), mais cela
ne prouve pas absolument que le Perche et Châteauneuf ne formassent
alors qu'un seul bailliage, car le même individu pouvait exercer en même
temps les fonctions de bailly dans deux bailliages voisins, mais distincts.

(3) Voyez les pièces justificatives.

(4) Courtin, liv. 8, ch. 9, cité dans une hist. ms. du Perche de la fin du
XVIIIᵉ siècle, qui nous appartient.

(5) Hist. ms. du Perche (du XVIIIᵉ siècle, déjà citée) qui ajoute : « L'ancien ordre de rendre la justice par le vicomte juge premier, et par le
bailly, juge supérieur, ensuite par appel au Parlement de Paris fut rétabli. »

(6) Les *présidiaux*, de *presidium* : aide, assistance, étaient des tribu-
naux destinés à alléger les Parlements que le nombre des affaires à eux
soumises obligeait à des lenteurs préjudiciables aux plaideurs; ils ju-
geaient en dernier ressort certaines affaires dont la nature avait été fixée
par l'édit qui les établit.

vant le domicile des parties ou la situation de l'objet en litige (1),
l'appel des jugements en matière civile rendus en les *plaids* de la
vicomté du Perche ou de l'une des justices seigneuriales du pays
était porté aux *assises* du bailliage du Perche (2), et le second
degré d'appel était fourni par la *Cour du Parlement* de Paris dans
les cas les plus graves, ou par la *Cour présidiale* de Chartres
dans les cas moins importants, indiqués par l'édit de 1552 (1).
En matière criminelle, les appels des jugements du vicomte
étaient portés devant le bailly ou au Parlement, au choix des
parties, en ce qui s'appelle le *petit criminel*, et dans le cas de
crimes graves toujours au Parlement.

Pour les cas royaux (crimes de lèse-majesté, etc.), dont le jugement était réservé au roi ou à ses officiers, la procédure était
différente : en effet, aux époques où le comté du Perche était
réuni au domaine de la Couronne, le bailly du Perche étant juge
royal pouvait juger les cas royaux, mais quan' il était apanagé,
les magistrats du pays n'étaient plus des juges royaux, mais sei-
gneuriaux, et dès lors la connaissance des cas royaux ne pouvait
leur être attribuée ; le jugement de ces cas, quand il s'en présen-
tait dans le comté du Perche, ressortissait donc à l'un des juges
royaux les plus rapprochés comme distance du comté du Perche :
et le bailly de Chartres fut presque toujours considéré comme
remplissant cette condition (3), quoique Bry dise (p. 9) que le
jugement de cas royaux relatifs au Perche fut aussi porté aux
assises du Mans, et il semble certain que pendant la durée des
apanages (pendant lesquels le bailly du Perche n'était plus un
juge royal) le Perche appartenait, au moins pour les cas royaux,
au bailliage de Chartres (4). M. A. Longnon place enfin le comté

---

(1) Bry, p. 7 et 8; procès-verbal des Coutumes du Perche et mémoire
sur la province du Perche par M. de Pomereu, pub. par M. Duval,
p. 204, 205.

(2) Le bailly du Perche était en outre juge en première instance des
procès des vassaux du Perche quand ils étaient *hauts-justiciers* et qu'il
était *question de leur haute-justice*, d'après l'ancienne coutume du Perche; des édits royaux et des arrêts du Parlement lui avaient de plus attribué (comme aux autres baillis et sénéchaux ressortissant sans moyen à la
Cour du Parlement), la connaissance des causes des *nobles vivants noble-
ment*, des *terres nobles* entre quelques personnes que ce soit, la préven-
tion en toutes *causes criminelles*, connaissance des *sujets* et des *hauts-
justiciers*. (Procès-verbal des Coutumes du Perche, éd. 1787, p. 92
et 93).

(3) « Appel d'un jugement rendu par le bailly de Chartres ou son lieutenant extraordinaire à Bellesme, le lendemain de la Saint-Martin 1510. »
B. N. ms. fr. 24,134 (G. Lainé, XI), fol. 74.

(4) Souchet (hist. du dioc. de Chartres, I, 91) cite plusieurs faits qui
semblent bien le prouver.

du Perche dans le ressort du bailliage royal de Caen vers 1305 (1).

Jacques Courtin, dernier bailly du Perche *de robe longue*, ayant été assassiné dans la forêt de Bellême en 1572, fut remplacé par un *bailly d'épée* : la charge de bailly qui était jusqu'alors une fonction que remplissait en personne celui qui en était pourvu, devint alors un office d'épée ne conservant que des droits honorifiques, et le bailly finit par ne plus paraître qu'aux cérémonies, quoique la justice fut toujours administrée en son nom. Les fonctions judiciaires qui lui incombaient furent dès lors remplies par ses deux lieutenants, l'un au siège de Mortagne, devant lequel venaient les appels des jugements rendus par le vicomte du Perche ou son lieutenant à Mortagne, l'autre au siège de Bellême (2) devant lequel venaient les appels des jugements rendus par le vicomte du Perche ou ses lieutenants aux sièges de Bellême et de la Perrière (3). On divisa ensuite l'office de vicomte du Perche et au lieu d'une seule vicomté, composée d'un chef et de trois lieutenants, on forma d'abord, avant 1698, deux vicomtés : Mortagne et Bellême (pour les sièges de Bellême et la Perrière), puis, après 1698, trois vicomtés : Mortagne, Bellême (qui comprenait Nogent-le-Rotrou) et la Perrière, et les trois vicomtes eurent par ce moyen chacun leur lieutenant (4). Les appels continuèrent à être faits jusqu'à la Révolution de la vicomté au bailliage et du bailliage au présidial de Chartres ou au Parlement de Paris, comme nous l'avons indiqué pour la seconde période (5).

Il est important de remarquer que les divisions féodales et judi-

(1) Atlas historique de la France, pl. 14.

(2) Bry (p. 17) nous apprend que les assises du bailliage du Perche à Bellême se tenaient de six semaines en six semaines, à l'époque où il écrivait (1620); les assises de Mortagne se tenaient probablement moins souvent, car le siège de Mortagne avait un territoire moins étendu que celui de Bellême.

(3) L'abbé Expilly dit dans son dictionnaire géog., à l'article *Perche*, que les lieutenants du bailly du Perche furent institués en 1572, mais il se trompe, car ces officiers comparaissaient à la rédaction des Coutumes du Perche en 1558.

(4). Archives nationales P 2084 et mémoire de M. de Pomereu sur la province du Perche, p. 205.

(5) M. Duval (État de la généralité d'Alençon sous Louis XIV, p. XXXIX) cite un « procès, commencé par M. de la Mesnière, lieutenant général criminel au siège du Perche, et renvoyé au présidial d'Alençon par arrêt du Conseil d'État du 12 février 1666 », mais il est facile de voir qu'il ne s'agit pas là d'un cas d'appel, mais de l'application d'une procédure où le Conseil d'État joua le rôle attribué par l'organisation actuelle à la Cour de Cassation. La première phrase du mémoire rédigé par M. de Pomereu sur le Perche en 1698 (p. 204 du même ouvrage), ne permet pas le moindre doute à cet égard, la voici : « Tout le Perche est du ressort du Parlement de Paris. »

ciaires coïncidèrent dans le Perche jusqu'à la Révolution : les
limites du bailliage du Perche étaient les mêmes que celles du
comté, aussi les fiefs de Longny, de Marchainville et de la Motte-
d'Iversay qui ne faisaient pas partie du comté, ne faisaient pas
non plus partie du bailliage, comme le prouve le procès-verbal
de rédaction des Coutumes du Grand-Perche.

ǃ 4. Divisions législatives.

Il semble à peu près évident que les limites du territoire soumis à une *Coutume* étaient les mêmes que celles de l'état féodal
dont le seigneur et sa cour avaient été longtemps juges suprêmes,
puisque la Coutume était formée par ce qu'on appelle aujourd'hui
la *jurisprudence*, c'est-à-dire la façon dont telle difficulté juridique est habituellement tranchée par le juge; et il en était certainement ainsi pour le Perche au moyen-âge. Mais cet état de
choses s'était déjà modifié avant la fin du XVIᵉ siècle et probablement même dès le commencement du XIIIᵉ; en effet, nous
constatons par le procès-verbal de rédaction des « Coustumes
des pays, comté et bailliage du Grand-Perche et des autres terres
et seigneuries régies et gouvernées selon iceux », dressé en 1588,
que la liste des paroisses soumises à la Coutume du Perche comprenait non seulement toutes celles du comté et du bailliage du
Perche, mais aussi celles qui faisaient partie de la baronnie de
Longny et des châtellenies de Marchainville et de la Motte-
d'Iversay; il est tout naturel de trouver Marchainville soumis à la
législation du comté du Perche puisque nous avons vu cette châtellenie en la possession de nos anciens comtes au XIIIᵉ siècle;
quant à la baronnie de Longny et à la châtellenie de la Motte-
d'Iversay, il est probable que les comtes du Perche les avaient
également possédées ou qu'ils avaient été suzerains des seigneurs
de ces terres (1). Il semble donc évident que les limites du territoire soumis à la Coutume du Perche sont les mêmes que celles
du comté du Perche tel qu'il était au moyen-âge sous nos premiers comtes.

La liste des paroisses où était appliquée la Coutume du comté
du Perche coïncidant avec celle des « paroisses de la province du

(1) Nous avons vu qu'en 1257, Longny relevait de l'évêché de Chartres
et n'appartenait pas au comte du Perche, mais il est possible que les
comtes du Perche, après avoir possédé cette terre, l'aient donnée ou ven-
due sans s'en réserver la mouvance.

comté du Perche » donnée par Bart (1), nous en concluons que ce terme de *province* plusieurs fois employé par Bart (qui écrivait en 1613) et qu'on ne trouve guère antérieurement que dans le sens tout différent de province ecclésiastique (ensemble des diocèses soumis à un archevêque), désignait aux XVII° et XVIII° siècles l'ensemble des paroisses soumises à une même Coutume, ensemble qui correspondait le plus souvent à un État féodal.

La baronnie de Longny, outre la Coutume du Perche, suivait en outre dans certains cas une Coutume qui lui était particulière et dont le texte est inséré au procès-verbal de rédaction des Coutumes du Perche; la châtellenie de la Motte-d'Iversay avait aussi quelques usages particuliers.

§ 5. Divisions représentatives.

Les assemblées représentatives apparaissent en France avec les impôts : le roi ne pouvant suffire aux dépenses nécessitées par la guerre contre les envahisseurs anglais, prit le parti de convoquer les représentants des trois classes du peuple pour leur demander leur appui moral et financier; ceux-ci votaient les subsides demandés par le roi et lui présentaient en même temps des cahiers contenant le résumé de ceux rédigés dans chaque paroisse de la province et exprimant les vœux du peuple entier au sujet des abus à corriger et des réformes à établir dans le gouvernement et l'administration (2).

Il y avait des *États-Généraux* où se trouvaient les représentants de la France entière et dont les vœux et les votes intéressaient l'ensemble du pays, et des *États - Provinciaux* chargés d'une part de nommer les députés aux États-Généraux, et d'autre part de répartir et d'asseoir la part des impôts généraux attribuée à chaque province et de consentir à la levée des impôts spéciaux à telle ou telle province ; mais une grande partie des provinces de France perdirent peu à peu leurs États particuliers et l'impôt y

(1) Éd. de M. H. Tournoüer, p. 19.

(2) Cette institution salutaire, aussi utile au roi qu'au peuple, était pour ce dernier une sauvegarde en lui permettant de faire entendre librement ses doléances et ses réclamations et enlevait en même temps au roi une terrible responsabilité et une cause fréquente d'impopularité en laissant aux contribuables le droit de fixer eux-mêmes le chiffre et le mode de perception des impôts qu'ils avaient à supporter; aussi ne saurait-on trop déplorer l'ambition criminelle du ministre qui cessa de convoquer les États pour augmenter d'autant le pouvoir qu'il exerçait au nom du roi et contribua ainsi puissamment à amener le cataclysme de 1789.

fut assis et perçu par des *élus* désignés d'abord par le vote des habitants, puis par les officiers royaux : la distinction des provinces de la France en *pays d'États* et *pays d'Élections*, importante surtout au point de vue financier, l'est aussi au point de vue représentatif si intimement lié au premier. En effet, dans les *pays d'États*, les impôts étaient votés par les *États* de la province, États qui étaient une véritable *représentation provinciale* et formaient en même temps au point de vue de la *représentation nationale*, lors de l'élection des députés aux État.-Généraux, un collège électoral au second degré. Dans les *pays d'Élections* il n'y avait plus dès le moyen-âge de *représentation provinciale*, mais lors de l'élection des députés aux États-Généraux, ce n'étaient pas les divisions financières (Généralités et Élections) qui y étaient prises comme circonscriptions électorales, mais bien les divisions judiciaires: bailliages ou sénéchaussées, dont les limites concordaient, comme nous l'avons vu, avec les limites actuelles du fief qui représentait l'ancien État féodal (dans le Perche du moins, et bien probablement dans les autres pays d'Élections). La province du Perche se trouvait parmi les pays d'élections. Tous les pays d'Élections de la France formaient, en 1614, 75 bailliages (ou sénéchaussées) *principaux*, c'est-à-dire députant directement aux États-Généraux, leur nombre fut porté à 86 lors de la convocation des États-Généraux en 1789. Beaucoup de ces bailliages comprenaient un ou plusieurs bailliages ou sénéchaussées *secondaires* dont les députés, au lieu d'aller directement aux États-Généraux, n'allaient qu'à l'assemblée du bailliage principal : le vote était donc à deux degrés dans les bailliages principaux et à trois degrés dans les bailliages secondaires (1).

Le bailliage du Perche, lors de la réunion des États-Généraux de 1614, formait un bailliage principal, comme il le faisait déjà du reste en 1588 (2), et envoyait aux États-Généraux un député pour le Clergé, un pour la Noblesse et deux pour le Tiers-État (3). Le roi avait ordonné de suivre pour la réunion des États-Généraux de 1789 le même ordre que pour ceux de 1614; cet ordre fut rappelé par un règlement annexé à la Lettre du roi (du 24 janvier 1789), envoyée aux baillis pour la convocation des États-Généraux. Le

---

(1) Lettre du roi pour la convocation des États-Généraux à Versailles, le 27 avril 1789, et règlement y annexé. Paris, imp. roy., 1789.

(2) Messire René d'Amilly, chevalier de l'ordre du roi, seigneur du dit lieu, fut député de la noblesse du bailliage du Perche aux États de Blois, en 1588. B. N. ms. fr. 21,540. — Nous ne savons ce que Bry veut dire par cette phrase (p. 7) : « Aussi aux États-Généraux de France, il [le Perche] est soubs le gouvernement d'Orléans. »

(3) État alphabétique faisant suite au règlement cité ci-dessus.

TABLEAU DE TOUTES LES COMMUNES DE LA PROVINCE DU PERCHE

CLASSÉES SUIVANT LES DIVISIONS FINANCIÈRES

Indiquant le chiffre d'impôt de chacune d'elles (en livres tournois) en 1466, d'après le ms. fr. 21,421 de la B. N.; et le nombre de feux qui s'y trouvait au milieu du XVIIIe siècle d'après l'abbé Expilly. Voyez p. 138 une note relative à ce tableau.

Celles sous lesquelles n'est inscrite aucune mention spéciale firent partie de l'élection d'Alençon et du Perche, puis de l'élection de Mortagne.

Châtellenie de Mortagne

	l. t.	feux
Autheuil		74
Bazoches-sur-Hoëne	175	226
Bivilliers	44	49
Bizou	34	48
Boëcé (St-Aubin de)	25	27
Boissy-Maugis	55	124
Bresolettes (réuni à Contrebis, 1766)	néant	50
Bubertré	20	60
Buré	60	55
Champeaux-sur-Sarthe	55	88
Champs (était réuni à Lignerolles en 1766)		41
la Chapelle-Montligeon	33	98
Comblot	26	38
Contrebis (réuni à Bresolettes en 1766, et actuell^t à Randonnai)		1
Corbon	50	39
Coulimer	40	140
Ceurcerant	50	93
Courgeon	75	81
Courgeoust	110	131
Courtoulin	18	37
Dorceau	60	118
Feings	80	136
Feillet (réuni au Mage)		
la Lande-sur-Eure (était réuni à Neuilly en 1766, mis à l'él. de Longny, puis de Verneuil)		
Lignerolles et Champs	60	21
Loisail	35	78
Loisé (hors bourgeoisie) (actuell^t réuni à Mortagne)	35	365
Longny		427

Châtellenie de Bellême

	l. t.	feux
Appenay-sous-Bellême	40	87
Avezé (ressort d')	12	43
Bellême (St-Sauveur et Saint-Pierre)	100	483
Bellou-sur-Huisne	40	105
Bellou-le-Trichart	45	64
Berd'huis	25	85
la Bruyère (voy. St-Pierre)		
le Buisson (hameau où a été transporté en 1859 le chef-lieu de la commune de Colonard)		
Bure (voy. St-Ouen-de-la-Cour)		
la Chapelle-Souët	28	84
Colonard	25	60
Condeau	55	129
Corubert	8	29
Courthioust (réuni à Colonard, 1820)	12	49
Dame-Marie	50	58
Dancé	55	455
Gastineau (voy. Préval)		
Gémages	30	
le Gué-de-la-Chaine (démembré de St-Martin-du-Vieux-Bellême en 1873)		
l'Hermitière	22	59

Châtellenie de Ceton

	l. t.	feux
Ceton	130	296
Champrond-au-Braye (en partie)	40	45
la Chapelle-St-Rémy (en partie)	néant	
Dollon (en partie)	néant	43

Châtellenie de la Perrière

	l. t.	feux
Barville	37	105
Bellavilliers	40	96
Chenilly	85	92
Gourgommer et le 12 Fresne, 1466 (réuni à St-Fulgent avant 1558)		
Eperrais	50	72

Châtellenie de Nogent-le-Rotrou

	l. t.	feux
Argenvilliers (réuni à Beaumont, 1766)	32 l. 10 s.	101
les Autels-Tubœuf (réuni à Beaumont, 1855)		7
Beaumont-le-Chartif (réuni à Argenvilliers en 1766, ou 1588 et peut-être au 18e s.)		
Bethonvilliers (mis dans l'él. de Longny, puis dans celle de Chartres)		30
Brunelles (réuni en 1666 à)		95
Champrond-en-Perchet	80	45
Coudray-au-Perche	60 s.	49
Coudreceau	70 l.	105
Coutretot (réuni à Trizay, 1666)		29
les Etilleux	13	27
la Gaudaine (réuni à Vichères au XVIIIe s.)		
Happonvilliers (mis dans l'él. de Longny, puis dans celle de Chartres)		18

Sergenterie Boullay

	l. t.	feux
Bretoncelles	80 l.	228
Combres		
Condé-sur-Huine (mis dans l'él. de Longny, puis dans celle de Chartres)	65 l.	
Coulonges-les-Sablons	72 l. 10 s.	130
le Favril		
Fontaine-Simon	35 l.	150
Frétigny (mis dans l'él. de Longny, puis dans celle de Chartres)	23 l.	
Marolles (mis dans l'él. de Longny, puis dans celle de Chartres)	32 l. 10 s.	
Meaucé et St-Jean-des-Meurgers (mis dans l'él. de Longny, puis dans celle de Chartres, réuni...)	12 l.	

Longpont (réuni à la Mesnière)

Paroisse	(1)	(2)
la Madeleine-Bouvet		63
le Mage	40	122
Maison-Maugis	22	53
Mauves	80	151
la Mesnière et Longpont	110	141
les Menus	62	91
Monceaux		47
Mortagne (N.-D., St-Jean, St-Malo et la partie de Loisé en bourgeoisie) {300}	910	470
Moutiers-au-Perche	116	176
Neuilly-s.-Eure et la Loisé	15	132
Parfondeval	12	43
le Pas-Saint-Lomer	9	48
le Pin-la-Garenne	36	149
la Poterie-au-Perche (était réuni à la Ventrouse en 1366)	néant	55
Prépotin	néant	39
Randonnay	9	94
Regmalart	80	132
Réveillon	80	154
St-Aubin-de-Courteraie	40	93
Ste-Céronne-lez-Mortagne	70	102
St-Denis-sur-Huisne	20	40
St-Etienne-sur-Sarthe (réuni à St-Aubin-de-Courteraie)	40	40
Saint-Germain-de-Martigny	12	49
St-Hilaire-la-Mortagne	110	96
St-Langis-lez-Mortagne	55	94
St-Mard-de-Coulonges (actuell' réuni à St-Ouen-de-S.)	46	37
St-Mard-de-Réno	75	224
St-Martin-des-Pézerits	27	100
St-Ouen-de-Sécherouvre	32	48
St-Quentin-de-Blavou	30	59
St-Sulpice-de-Nutly (réuni à St-Hilaire-lez-M.)	48	95
St-Victor-de-Réno	36	252
Soligny-la-Trappe	30	141
Thévai (actuell' réuni à St-Langis)	20	20
Tourouvre	75	266
la Ventrouse et la Poterie	néant	
Villiers-sous-Mortagne	70	79

Paroisse	(1)	(2)
Igé (St-Martin d')	86	162
Marcilly	6	23
Nogent-le-Bernard (ressort de)	néant	7
Nocé	66	153
Pouvray	26	34
Préaux	97	156
Préval ou Gastineau (ressort de)	60 s.	2
la Rouge	60	113
St-Aignan-sur-Erre	26	54
St-Aubin-des-Grois	15	35
St-Cosme-de-Ver (ressort de)	9	7
St-Cyr-la-Rosière	76	127
Ste-Gauburge-de-la-Coudre (réuni à St-Cyr-la-Rosière)		16
St-Germain-de-la-Coudre	100	107
Saint-Germain-des-Grois	40	50
St-Hilaire-sur-Erre	72	128
St-Hilaire-des-Noyers (réuni à Cormizet, 1828)	4	5
St-Jean-de-la-Forêt	25	58
St-Martin-du-Douet (réuni à Jonas-Marie)	48	38
St-Maurice-sur-Huisne	42	84
St-Ouen-de-la-Cour ou Bure	22	48
Saint-Pierre-la-Brayère	35	58
St-Quentin-le-Petit (réuni à Nocé)	42	47
Serigny	30	70
le Theil	35	65
Verrières	38	162

Paroisse	(1)	(2)
St-Denis-des-Coudrais (en partie)	46	48
St-Jean-des-Echelles (en partie)	8	8
Théligny	43	42

Paroisse	(1)	(2)
Montgaudry	30	58
Origny-le-Butin	27	54
Origny-le-Roux	85	71
la Perrière (réuni à St-Hilaire-de-Soisay dès 1566)		
Pervenchères	115	115
St-Fulgent-des-Ormes		69
St-Hilaire-de-Soisay et la Perrière (de Perrière est actuell' leur unique chef-lieu de par** et de commune)	58	160
St-Jouin-de-Blavou	45	116
St-Julien-sur-Sarthe	112	228
St-Martin-du-Vieux-Bellême	164	289
Suré	100	109
Vaunoise	22	42
Viday	20	36

Paroisse	(1)	(2)
Mâle	103	230
Margon (réuni à St-Jean en 1625)		
Montigny-le-Chartif (mis dans l'él. de Longny, puis dans celle de Chartres)	13	
Nogent-le-Rotrou (N.-D.)	289	450
Nogent-le-Rotrou (St-Hilaire)	195	335
Nogent-le-Rotrou (St-Jean) (réuni à Margon, 1625)	52 l. 10 s.	117
Nogent-le-Rotrou (St-Laurent)	265	500
Nonvilliers	13	82
Pierrefitte (voy. St-Jean)		
St-Jean-Pierre-fixte	32 l. 40 s.	33
Saint-Marc (réuni à Vichères dès 1625)		
Saint-Serge (réuni à Trizay en 1835)		18
Souancé	60	172
Souazé (réuni à Brunelles)		
Trizay (réuni à Coudret, 1835)	40 s.	42
Vichères, St-Marc et la Gaudaine	65	130

Paroisse	(1)	(2)
Montireau (réuni en 1625)		
Montianion (mais l'un et l'autre dans l'él. de Longny, puis dans celle de Chartres)		251.
Biveray (réuni à Condé-sur-Huisne)		
St-Denis-d'Authou	40 s.	
Saint-Eliph (mis dans l'él. de Longny, puis dans celle de Chartres)	251.	
St-Hilaire-des-Noyers (mis dans l'él. de Longny, puis dans celle de Chartres, réuni à St-Denis-d'Authou)	401.	
St-Jean-des-Meurgers (réuni à Meaucé en 1566, mais dans l'él. de Longny, puis dans celle de Chartres)		
St-Victor-de-Béton	60 l.	155

PAROISSES
de
LA PROVINCE DU PERCHE

ne faisant pas partie de l'élection d'Alençon et du Perche en 1466, et ayant fait partie de l'élection de Longny, puis de celle de Verneuil.

Paroisse	(1)	(2)
Brou (réuni à l'Hôme-Chamondot)		
l'Hôme-Chamondot		
Malétable		
Marchainville		
la Motte-d'Iversay (réuni à l'Hôme-Chamondot)		
Monticent		

bailliage du Perche. capitale Mortagne, y figure comme bailliage principal, ayant Bellême comme bailliage secondaire. Mais Bellême, soutenu par Nogent-le-Rotrou, ayant prétendu que la convocation pour l'élection des députés aux Etats-Généraux de 1588 et de 1614 avait eu lieu à Bellême, le roi, par un règlement du 28 février 1789, ordonna que la convocation eût lieu à Bellême, de sorte que le bailliage du Perche ne forma qu'un bailliage principal sans bailliage secondaire (1).

§ 6. Divisions financières.

Il n'y avait pas d'impôts proprement dits au moyen âge, sauf la taille que le comte du Perche déclarait en 1215 ne pouvoir exiger de ses vassaux de la châtellenie de Bellême que dans les quatre cas suivants : lorsqu'il était armé chevalier, lorsqu'il était pour la première fois fait prisonnier dans une guerre étrangère, lorsque son fils aîné était armé chevalier et lorsqu'il mariait sa fille aînée (2). Le recouvrement de cette taille, appelée souvent : *Aide aux quatre cas*, se faisait donc dans les limites de chaque grand fief. Le roi, de son côté, pourvoyait à ses dépenses par les revenus de ses domaines, comme les autres propriétaires fonciers ; mais lorsque, la guerre de cent ans se prolongeant, le roi se fut mis à lever des armées pour chasser les Anglais du royaume, ses ressources ordinaires furent loin de suffire aux nouvelles charges

(1) Une partie des renseignements que nous donnons ici est puisée dans un précieux ouvrage de M. de La Sicotière : Documents pour servir à l'histoire des élections aux Etats-Généraux de 1789 dans la Généralité d'Alençon; Alençon, de Broise, 1866. Nous y lisons (page 1257) les réflexions suivantes dont l'intérêt et la portée se trouvent doublés par le caractère et la haute position de leur auteur : « J'écris ces dernières lignes au bruit de l'agitation soulevée dans une portion de l'ancienne Généralité d'Alençon, par l'élection d'un seul député, et, en comparant les deux époques, je sens redoubler mon admiration, non seulement pour ces idées que 89 vit éclore, mais encore pour le calme et la liberté avec lesquels elles se produisirent. Un des caractères les plus frappants des élections de 89, c'est un respect profond, absolu, pour les opinions et pour la personne d'autrui. Il n'y eut ni circulaires, ni bulletins de vote, ni proclamations, ni articles de journaux. L'administration resta spectatrice du mouvement électoral, sans s'y mêler aucunement. Le pouvoir et la Nation semblaient s'inspirer d'une confiance et d'un respect réciproques. » Au commencement du même ouvrage, p. 11, nous lisons : « Bien des esprits se croient avancés aujourd'hui, qui le sont moins que ne l'étaient les esprits modérés de ce temps-là. »

(2) Voy. notre pièce justificative nº 5.

qu'il avait à supporter : les Etats-Généraux et provinciaux votè-
rent la levée d'impôts nommés : aides ou fouages, et les habitants
élurent un ou deux d'entre eux dans chaque diocèse pour faire la
répartition et la perception des sommes votées par les Etats, ces
élus gardèrent ce nom même lorsque la nomination par le roi eut
remplacé pour eux l'élection. Charles VII par ses ordonnances
des 10 juin 1445 et 26 août 1452 fixa les sièges des *élus* (1), et le
comté du Perche semble avoir formé d'abord une *élection* distincte, au moins jusqu'en novembre 1463 (2); le comté du Perche
et le duché d'Alençon ne formaient cependant peu après qu'une
seule élection, car nous avons l'assiette de l'imposition de 45,368
livres tournois, qui fut levée en 1466 sur les habitants de l' « élection d'Alençon et du Perche, Saint-Silvin et le Thuit » (3). Le per-
sonnel de cette administration resta longtemps réduit à sa plus
simple expression; en effet, Bry nous dit (p. 6 : « N'y a pas 50 ans
[comme Bry écrivait en 1620, cela reporte à 1570] qu'il n'y avait
qu'un seul élu appelé : *Eleu opté d'Alençon et du Perche* et qui
faisait les départements [la répartition] en tous les dits pays, esquels à present y en a plus de quarante, tant la France se plaist
en la confusion et tend à sa ruine par le nombre et multiplicité
d'officiers inutiles qui mangent en gages le plus clair revenu du
roy et toute la substance de son pauvre peuple (4). »

L'élection de Mortagne fut démembrée de celle d'Alençon au
mois d'août 1572 (5). En 1597, il y avait déjà dans l'élection de Mortagne quatre élus au moins et un receveur des tailles (6). De 1698
à la fin du XVIIIe siècle, cette élection était composée de trois

(1) Etat de la généralité d'Alençon sous Louis XIV, par L. Duval, p. III.

(2) 10 novembre 1463. Ordonnance des commissaires désignés par le
roi pour les impositions au pays et duché de Normandie, *élection d'Alençon et comté du Perche*, adressée aux élus sur le fait des aides ordonnés
pour la guerre en l'élection de Montivilliers. (Arch. nat. K 1200, dossier
intitulé : Normandie en général. — Il est nécessaire d'ajouter que la
somme dont nous mentionnons ci-contre l'assiette en 1466 sur l'*élection*
d'« Alençon et du Perche » est indiquée quelques lignes plus bas comme
étant une « porcion de la somme de 555677 livres ordonnée par le roy
estre levée es pays des duché de Normendie, *élection d'Alençon, comté*
du Perche, provosté de Chaumont et accroissement de Magny. »

(3) B. N. ms. fr. 21421, fol. 2.

(4) Que dirait Bry, s'il lui était donné de contempler et surtout de
compter les nuées de fonctionnaires qui couvrent aujourd'hui la France
comme les sauterelles antiques couvraient jadis l'Egypte?

(5) Mém. sur la prov. du Perche, de 1698, pub. par M. Duval, p. 209.

(6) Arrêt ordonnant de surseoir aux poursuites exercées par Me Hubert
Guerrier, receveur des tailles en l'élection de Mortagne, contre Me Robert
Renouard, quatrième élu en la dite élection, 15 janvier 1597. B. N. m. fr.
18160 f° 51 v° (analyse pub. dans les arrêts du Conseil d'Etat.)

siéges, où les officiers rendaient la justice : Mortagne, qui était le lieu du bureau où les officiers devaient résider, Bellême et Nogent-le-Rotrou ; il n'y avait qu'un procureur du roi et un greffier (1). Les receveurs des élections remettaient les sommes qu'ils avaient recouvrées à des receveurs généraux, d'abord au nombre de quatre pour toute la France, puis au nombre de seize en 1543 ; l'élection de Mortagne fut placée d'abord dans le ressort de la généralité de Rouen (2), puis dans celui de la généralité et du bureau des finances d'Alençon, lors de leur établissement en mai 1636. Des cours de justice avaient été instituées dès le xv siècle pour connaître des questions relatives aux Aides : l'une d'elles dont le siège était à Rouen comprenait entre autres le comté du Perche (3), aussi lorsque l'élection d'Alençon et du Perche, puis l'élection de Mortagne eurent été établies, elles continuèrent jusqu'à la Révolution à relever de la Cour des Aides de Rouen.

C'est probablement au moment de la création de l'élection de Mortagne en 1572 que fut établie l'élection de Longny formée presque entièrement de paroisses prises dans l'ancienne élection d'Alençon et du Perche (48 sur 64) ; cette élection fut supprimée en 1686 par arrêt du Conseil royal des finances : 27 des paroisses de la province du Perche qui la composaient furent réunies à l'élection de Mortagne ; 24 paroisses, dont 13 étaient de la province du Perche furent réunies à l'élection de Chartres (généralité d'Orléans) ; enfin 13 paroisses, dont 8 de la province du Perche, furent réunies à l'élection de Verneuil (généralité d'Alençon) (4).

La province du Perche fut donc d'abord entièrement comprise dans l'élection d'*Alençon et du Perche* (1466) ; l'élection de *Mortagne* fut ensuite entièrement formée en 1572 de paroisses faisant partie de la province du Perche, qui en fournissait en même temps 48 à l'élection de *Longny* ; enfin, à partir de 1686, l'élection de *Mortagne* composée en 1698 de 155 paroisses qui faisaient 2,186 hameaux et 62,691 âmes (5) continua toujours à être entière-

(1) Mém. sur la prov. du Perche (1698), pub. par M. Duval, p. 209 ; et Odolant-Desnos, annotations ms. à un vol. de Bry (p. 17), dans la biblioth. de M. le docteur Libert, sénateur de l'Orne.

(2) L'élection de Mortagne fut quelquefois rattachée à la généralité de Caen dans des circonstances exceptionnelles, comme le prouve un arrêt de mai 1594 chargeant le receveur général des finances à Caen de recouvrer les crues imposées aux élections d'Alençon, Mortagne, etc., annexées pendant la guerre à la généralité de Caen. B. N. ms. fr. 18159, f° 144 v°.

(3) Lettres de Charles VIII du 15 septembre 1483, confirmant l'établissement d'une cour des aides pour le duché de Normandie, le duché d'Alençon, le comté du Perche, la prévosté de Chaumont, etc. (Rec. des ordonn. des rois de France, XIX, p. 152.)

(4) Inventaire des archives de l'Eure-et-Loir, B 2703.

(5) État de la généralité d'Alençon, pub. par M. Duval, p. 98.

ment comprise dans les limites de la province du Perche, dont
13 paroisses faisaient en outre partie de l'élection de *Chartres* et
8 de l'élection de *Verneuil*.

Le royaume n'était pas seulement divisé au point de vue financier en généralités et subdivisé en élections, circonscriptions
servant au recouvrement des impôts directs : *Taille*, impôt de
répartition analogue à plusieurs points de vue à l'impôt foncier
actuel mais frappant surtout le Tiers-État, *Capitation*, établie en
1695 et frappant tous les français (appelée aujourd'hui cote per-
sonnelle, *vingtième* (du revenu), établi en 1705 et frappant tous les
français (cote mobilière actuelle), ainsi qu'au recouvrement de
plusieurs contributions indirectes comme le *contrôle des exploits* (enregistrement), établi en 1669 et le *papier timbré* établi
en 1673 ; la diversité des matières successivement devenues
imposables avait amené naturellement l'établissement d'autres
circonscriptions dont les limites répondaient mieux aux nécessités de la perception et à la commodité des contribuables ; ainsi
l'administration des *gabelles* était divisée en directions générales
(dont les limites n'étaient pas les mêmes que celles des généralités, divisées elles-mêmes en greniers à sel ; la province du
Perche comprenait les greniers de Mortagne, de Bellême, de Regmalart (créé en septembre 1722 qui faisaient par   de la direction d'Alençon, et le grenier de Nogent-le-R   relevait
de la direction du Mans. Le Perche était comp   que l'Anjou et le Maine dans la juridiction de la direction de la *Marque
des fers et fontes* dont le siège était au Mans.

Quant aux *douanes* et *traites foraines*, il n'y en avait aucun
bureau dans la province du Perche, qui n'était pas soumise à
cette contribution, ne se trouvant pas à la frontière du territoire
des *cinq grosses-fermes* (1), dans lequel elle était comprise.

L'impôt des *francs-fiefs*, appliqué aux roturiers possesseurs de
fiefs nobles et étendu abusivement de 1693 à 1784 aux fiefs bur-
saux ou terres hommagées, avait comme cadre de perception la
province du Perche.

Tant que le Perche avait été apanagé, le *domaine* de ce comté
constituait la propriété du prince apanagiste et quand, avant le
XVI⁰ siècle, il s'était trouvé réuni au domaine de la Couronne, il
était certainement administré complétement par le bailly royal du
Perche ; mais pendant sa dernière réunion à la Couronne, de 1584
à 1771, toutes les administrations prirent un grand développement, et l'exploitation des domaines royaux, considérés plutôt

(1) Géogr. ancienne du diocèse du Mans, par Cauvin, p. 609 et suiv.;
et État de la généralité d'Alençon sous Louis XIV, pub. par M. Duval,
p. 94 et suiv. et p. 209 et suiv.

comme de simples sources de revenus que comme des propriétés
féodales, fut rattachée à diverses administrations (1) : la grande-
maîtrise des eaux et forêts d'Alençon comprenait, entre autres,
la maîtrise particulière de Mortagne (dont dépendaient les
forêts du Perche et de Réno) et celle de Bellême (dont dépendait
la forêt de ce nom (2) ; une partie des droits féodaux qui,
avec les forêts, constituaient le domaine du comté du Perche, furent compris dans les fermes générales, d'autres furent
affermés individuellement ou réunis par groupes (3). Les prévôts
chargés d'effectuer les recettes et les dépenses des domaines des
premiers comtes du Perche leur rendaient probablement compte
directement de leur administration, et il dut en être de même
sous les premiers princes apanagistes; mais lors de la réunion du
Perche au domaine de la Couronne, les baillis puis les receveurs
du domaine du Perche qui leur succédèrent dans l'administration
des revenus du comté, durent soumettre leur comptabilité à la
Chambre des comptes de Paris dans le ressort de laquelle le Perche se trouvait compris (4).

Les *généralités* avaient d'abord été des circonscriptions exclusivement financières, mais lors de l'institution des *intendants* au commencement du XVIIIe siècle, ces fonctionnaires, agents directs du
gouvernement qui s'intitulaient le plus souvent : « intendant de
justice, police et finances dans la généralité de..... » et devaient
accaparer et réunir entre leurs mains les attributions et le pouvoir
qui appartenaient légalement à des fonctionnaires d'ordres divers

---

(1) Voyez ci-dessus p. 95, la note 1 relative au domaine du comté du
Perche; depuis que la feuille qui contient cette page a été imprimée, nous
avons trouvé dans l'État de la généralité d'Alençon sous Louis XIV, p. 213,
que le revenu annuel moyen du comté du Perche était le suivant à la fin
du XVIIe siècle :

Châtellenie de Mortagne : forêt du Perche et de Réno. . . 10,000 livres.
       —   droits féodaux. 3,000
Châtellenie de Bellême : forêt de Bellême et droits féodaux. 5,500

                          Total. . . . 18,500 livres.

Le roi ne possédait pas de domaine dans la baronnie de Nogent-le-Rotrou.

(2) État de la généralité d'Alençon sous Louis XIV, p. 77 et 214.

(3) Arch. nat. Q1 et R5.

(4) Bry nous apprend (p. 7) que pendant l'apanage de François III Her-
cule, le receveur du domaine du Perche comptait à la Chambre des
comptes de Tours, et que depuis sa mort en 1584, les officiers de la
Chambre des comptes de Rouen contraignirent ce receveur de compter
devant eux et les vassaux du Perche de leur porter leurs aveux et actes
de foy et hommage, mais cette innovation ne persista certainement pas et
la Chambre des comptes de Paris reprit ses droits, car c'est dans ses
archives que se trouvent tous les aveux du Perche.

reçurent presque tous une généralité comme circonscription et champ d'action, et s'y occupèrent du contentieux en matière d'impôts, des travaux publics, de la réglementation du travail, du recrutement militaire, de l'administration des domaines royaux, de la police, etc., etc. (1. L'intendant avait dans les différentes élections de sa généralité des agents placés sous ses ordres et nommés *subdélégués*.

§ 7. Divisions militaires.

Au moyen âge, l'homme qui recevait un fief s'engageait à défendre la personne et les biens du seigneur dont il devenait ainsi le vassal et à l'accompagner à la guerre, mais le temps de service auquel il était obligé n'était presque jamais que de quarante jours, temps au bout duquel il avait le droit de rentrer dans ses foyers.

Les rois de la troisième race n'eurent d'abord, en cela comme en presque tout le reste, que des droits analogues à ceux de tous les autres seigneurs : quand ils voulaient diriger ou repousser une expédition militaire, ils convoquaient comme *seigneurs directs* : les vassaux de leurs domaines, et comme *rois* : le *ban* du royaume, composé de ceux des comtes ou autres seigneurs qui ne reconnaissaient d'autre supérieur hiérarchique que le roi dont leur prédécesseur avait reçu ou était censé avoir reçu son fief; ces

(1) Ces fonctionnaires, dont plusieurs, hommes intègres et éminents, rendirent de vrais services au pays, n'étaient que les instruments des ministres qui se servaient d'eux comme bon leur semblait, aussi leur action au point de vue général eut-elle un effet désastreux : représentants irresponsables du pouvoir central, ils attirèrent bientôt à eux tout le pouvoir dans leur généralité et détruisirent peu à peu, tantôt par ruse, tantôt par force, toute autonomie provinciale et locale, préparant ainsi l'asservissement et la pulvérisation de la France; leur œuvre fut consommé et terminé par la Révolution au profit de l'État, sorte de dieu monstrueux et tout-puissant dont la force et la richesse, produit de l'affaiblissement et de l'appauvrissement de tous les individus, ne profitent qu'à ceux qui ont le talent de devenir ses grands-prêtres : il serait plus que naïf de croire le pouvoir de l'État moins *absolu* aujourd'hui, où il y a 750 têtes, qu'au temps du Roi-Soleil où il n'y en avait qu'une, où son plus terrible engin, la *bureaucratie*, n'était encore qu'à l'état embryonnaire, et où enfin il subsistait des États provinciaux autonomes et des corps constitués indépendants. Bonaparte n'eut garde d'oublier une institution qui semblait inventée à son usage et, dès qu'il fut le maître, changeant seulement l'étiquette devenue trop impopulaire, rétablit les intendants sous le nom de *préfets*, et les subdélégués sous celui de *sous-préfets*.

seigneurs convoquaient à leur tour leurs vassaux et arrière-vassaux, suivant la hiérarchie de leurs fiefs (1).

Lorsque les communes se furent organisées, elles formèrent de petites républiques ou villes libres dont la puissance égala et surpassa même souvent la puissance des grands feudataires : aussi le roi, en retour de la protection qu'il leur accordait, leur demanda de fournir leur contingent pour la défense du royaume.

Il n'y avait pas de villes ayant droit de commune dans le Perche au moyen âge ; les divisions féodales y formaient donc exclusivement le cadre de l'organisation militaire. Pendant la guerre de cent ans, le roi organisa des corps d'archers : chaque paroisse du royaume devait fournir et équiper un archer et les paroisses du Perche y contribuèrent certainement comme les autres, mais nous n'avons encore trouvé aucun document sur la façon dont cette institution fonctionna dans notre province.

Lors de l'organisation des gouvernements généraux de province au XVIe siècle, la province du Perche fit partie du *gouvernement général du Maine et du Perche,* qui comprenait aussi le pays de Laval et les Terres Françaises ou Ressort de la Tour-Grise de Verneuil.

Le *gouverneur* et son *lieutenant-général* résidaient au Mans qui était la ville la plus importante du gouvernement ; il y avait trois *lieutenants de roi,* dont un pour le Haut-Maine, un pour le Bas-Maine et un pour le Perche.

Les villes de Mortagne et de Bellême avaient également chacune un *capitaine* ou *gouverneur* (2).

Une compagnie de 30 gardes à cheval, commandée par un capitaine, un lieutenant, un sous-lieutenant, un enseigne, etc.,

---

(1) Lors des dernières convocations du ban et arrière-ban, au XVIIe siècle, ce furent les provinces et les gouvernements qui servirent de cadre pour les convocations. Nous voyons, en effet : « le comte de Liscoüet, chevalier, conseiller du roi, grand sénéchal de la province du Maine, commandant le détachement des gentilshommes choisis de la dite province du Maine et du Perche pour servir le roi en l'arrière-ban dans la présente année 1694. » Chartrier du comte de Fontenay, dossier : le Cousturier (provenant du chartrier du comte de Ruolz-Montchal). — Jean-Louis Abot, chevalier de l'ordre du roi, seigneur du Bouchet était en 1674 « baillif et commandant l'escadron de la noblesse du Perche. » (Même source).

(2) Voici quelle était en 1617 la composition et la solde annuelle de la garnison du château de Bellême : René de Fontenay, écuyer, sieur de la Reinière, capitaine et gouverneur : 1,200 livres ; un sergent : 288 livres ; deux caporaux : chacun 240 livres ; seize soldats : chacun 144 livres. (Bellême sous Louis XIII, par le docteur Jousset, p. 9). — Cauvin dit (p. 611) que les lieutenants de roi et gouverneurs des villes semblent avoir été supprimés en 1765.

servait de garde au gouverneur, qui en nommait les membres : elle se divisait en sept brigades, dont une était affectée à Nogent-le-Rotrou (1).

La *maréchaussée*, dont les fonctions un peu analogues à celles de la *gendarmerie* actuelle avaient de plus un caractère judiciaire (2), était ainsi nommée parce qu'elle relevait des maréchaux de France ; elle n'était pas répartie par gouvernements : au milieu du XVIᵉ siècle il n'y avait qu' « un seul *prevost des maréchaux de France* au pays et duché d'Alençon, comté du Perche et lieux circonvoisins » (3) ; à la fin du même siècle, le *comté du Perche* formait la circonscription d'un prévôt des maréchaux de France (4). Au XVIIᵉ siècle, la maréchaussée avait pour limites non plus le *comté*, mais la province du Perche (5) et elle était composée d'un prévôt, résidant à Nogent-le-Rotrou, un lieutenant, résidant à Mortagne, un assesseur, un exempt, deux procureurs du roi, deux greffiers et douze archers (6). A la fin du XVIIIᵉ siècle la maréchaussée, tout en restant sous la haute direction du Grand-Prévôt des maréchaux de France, semble répartie par généralités, changement qui avait probablement été opéré pour la placer plus directement sous les ordres de l'intendant, chargé de la police (7).

(1) Cauvin, géogr. du diocèse du Mans, p. 611.

(2) Bry, hist. du Perche, p. 20 : « Quant à la maréchaussée, le prévost des maréchaux et lieutenans demeurant où bon leur semble, instruisent et jugent les procès auquel des deux sièges ils se trouvent ou de Mortagne ou de Bellesme, voire bien souvent à Nogent même, bien que contre l'ordonnance. »

(3) Voyez les pièces justificatives.

(4) Paris, 30 juillet 1594. Arrêt accordant une augmentation de gages au prévôt des maréchaux au comté du Perche et à son greffier en même temps que cinq nouveaux archers pour l'aider à « nettoyer le païs des volleurs et mal-vivans. » Analysé dans le rec. des Arrêts du Conseil d'Etat d'après le ms. fr. 18159, fᵒ 262 vᵒ.

(5) Dans la ville de Nogent-le-Rotrou résident le prévôt *provincial* des maréchaux du Perche, l'assesseur, procureur du roi, greffier et ses archers. Acte de notoriété dressé en 1677, Invent. des arch. d'Eure-et-Loir, B 2607.

(6) Mém. de 1698 sur la prov. du Perche, pub. par M. Duval, p. 203. On y trouve aussi l'explication suivante : « La raison pour laquelle il y a eu deux procureurs du roi et deux greffiers est que, par un arrest du Grand-Conseil, le prévôt a eu faculté de résider à Nogent-le-Rotrou tant que son lieutenant résideroit à Mortagne, ce qui a donné lieu de donner à ces deux premiers officiers, chacun un procureur du roi et un greffier. Quatre des principaux et plus anciens archers font aussi leur résidence à Nogent. » Cet usage n'existait pas encore en 1620, époque où écrivait Bry. Voyez note 2 ci-dessus.

(7) En effet, nous lisons dans une lettre de l'intendant d'Alençon du 9 août 1789 (publiée par M. L. Duval : Ephémérides de la Moyenne-Nor-

Une ordonnance royale de 1688 ayant établi les milices, chaque paroisse dut fournir et équiper un homme, sauf les moins populeuses qui en furent dispensées quand le chiffre de miliciens nécessaire était atteint (1); mais ce ne furent ni les gouverneurs, ni les baillis ou sénéchaux d'épée, mais les intendants qui furent chargés d'en opérer le recrutement et, en conséquence, les circonscriptions adoptées pour la nouvelle institution furent les généralités et les élections. Aussi l'élection de Mortagne fournissait le *bataillon de Mortagne* qui faisait partie du régiment de milice de la généralité d'Alençon; les paroisses de la province du Perche qui faisaient partie de l'élection de Verneuil envoyaient aussi leurs miliciens au même régiment, l'élection de Verneuil faisant aussi partie de la généralité d'Alençon; enfin, celles qui avaient été réunies à l'élection de Chartres, contribuaient à la formation du régiment de la généralité d'Orléans (2).

NOTE RELATIVE AU TABLEAU PLACÉ P. 128 ET 129.

Nous avons donné, p. 112 à 115, la liste des *paroisses* de la province du Perche classées d'après les divisions ecclésiastiques : diocèses, archidiaconnés, doyennés; nous donnons dans le tableau placé p. 128 et 129 la liste des *communes*, ou plus exactement des *communautés d'habitants* (3) de notre province,

mandie et du Perche, Alençon, 1890, p. 45) : « J'ai chargé le lieutenant de maréchaussée d'Alençon, dans l'arrondissement duquel est la brigade de Bellême, de se transporter en cette ville et d'y réprimander son brigadier..... le lieutenant n'attend pour le punir que les ordre du grand-prévôt qui a été appelé à Versailles. »

(1) Boutaric, Institutions militaires de la France.

(2) « Pendant la guerre, commencée en 1688, la généralité d'Alençon, dont dépend la plus grande partie du Perche, ayant mis sur pied un régiment, l'élection de Mortagne, qui comprend presque la dite province, fournit le nombre de soldats qui fut réglé par M. de Bouville, conseiller d'Etat, lors intendant au dit Alençon. » Mém. sur la prov. du Perche, de 1698, pub. par M. Duval, p. 205. Cauvin, géogr. du diocèse du Mans, p. 611, dit : « Pour la milice le Perche levait le bataillon de Mortagne, qui complétait la milice de la généralité d'Alençon. »

(1) Nous avons adopté pour plus de clarté le terme de *communes* dans l'intitulé de notre tableau; ce terme est cependant inexact en trop, s'il est pris dans le sens qu'il avait avant 1789 : en effet, on entendait alors par communes les associations municipales libres et autonomes écloses aux siècles féodaux et presque toutes supprimées ou asservies sous Louis XIV,

entre lesquelles étaient réparties les sommes imposées à chaque
élection et qui se divisaient elles-mêmes en feux ; nous les avons
placées dans six colonnes, de façon à indiquer la composition des
subdivisions de la partie percheronne de l'élection d'Alençon et
du Perche en 1466, subdivisions qui furent conservées lors de
l'établissement de l'élection de Mortagne en 1572 et subsistèrent
jusqu'à la Révolution. Les noms des paroisses qui n'ont jamais
formé, à notre connaissance, une *communauté d'habitants* (Feillet, Longpont, Saint-Marc, Souazé, Riveray), sont imprimés en
italique, ainsi que les noms vulgaires sous lesquels sont souvent
désignées certaines communes, soit actuellement, soit dans les
actes anciens (la Bruyère, le Buisson, Bure, Gastineau, Pierrefixte).

Nous avons constaté que les limites de la province du Perche
étaient les mêmes que celles du territoire soumis aux *Coutumes*
du Grand-Perche, et que, par conséquent, la *province* du Perche
était une *division législative*.

Au point de vue *féodal, judiciaire* et *représentatif*, la province
du Perche comprenait : 1° Tout le *comté du Perche*, qui formait
un *bailliage* ressortissant au Parlement de Paris, et un *bailliage-
principal* envoyant ses députés directement aux États-Généraux.
2° La baronnie de *Longny* et les châtellenies de *Marchainville* et
de *la Motte-d'Iversay*, complètement distinctes et indépendantes
du comté et du bailliage du Perche (1). Les 172 communes du
comté du Perche, formant 177 paroisses, occupent tout notre

et nous ne sachons pas qu'il ait jamais existé de commune de ce genre
dans notre province; il est inexact en moins s'il est pris dans le sens
actuel : en effet, l'*assemblée* des habitants d'une même communauté ou
les *syndics* ou *échevins* nommés par elle prenaient des délibérations
légales et exécutoires par elles-mêmes, sauf aux parties lésées à se pour-
voir devant la justice et au procureur du roi à s'y opposer en cas de vio-
lation des lois, tandis que les délibérations des communes actuelles ne
sont légales et par conséquent exécutoires que quand elles ont eu la
bonne fortune de plaire à l'unanimité des bureaucrates irresponsables de
la sous-préfecture et de la préfecture. Les *communautés d'habitants* de
notre province sous l'ancien régime étaient donc moins libres que les
communes du moyen âge et plus libres que les *communes du 19e siècle*.
Les *paroisses* avaient le plus souvent, comme aujourd'hui, du reste, les
mêmes limites que les *communes*, cependant une seule commune comprenait quelquefois les différentes paroisses d'une même ville ou plusieurs petites paroisses rurales, et il arrivait aussi, bien que plus rarement, qu'une même paroisse fût divisée entre plusieurs communes (comme
Loisé en 1466, Saint-Langis et N.-D. de Mortagne aujourd'hui).

(1) La paroisse de l'Hôme-Chamondot dont le territoire formait la châtellenie de la Motte-d'Iversay (dont les appels étaient portés directement
au Parlement de Paris, d'après Pitard, Fragments historiques sur le Perche, p. 242) fut réunie lors des élections pour les États-Généraux en 1789,
au Grand-Bailliage du Perche comme elle l'avait probablement déjà été
en 1614 (Annuaire de l'Orne pour 1888, partie historique, p. 49).

tableau, sauf le bas de la 6° colonne où sont placées 5 communes de la province qui ne faisaient pas partie du comté du Perche mais formaient les fiefs de Longny, Marchainville et la Motte-d'Iversay.

Au point de vue *financier,* la partie percheronne de *l'élection d'Alençon et du Perche,* dont nous avons l'état en 1466, correspondait exactement au *comté du Perche;* mais *l'élection de Mortagne,* établie en 1572 et agrandie en 1686, ne comprenait pas le comté tout entier, même à cette dernière date, et notre province fournissait 13 communes à l'élection de Chartres (généralité d'Orléans) et 8 à l'élection de Verneuil (généralité d'Alençon) (1).

Si on compare les limites de la province du Perche avec les divisions administratives actuelles, on voit qu'elle comprend : 1° dans le département de l'Orne : tout l'arrondissement de Mortagne, excepté le canton de Laigle, et 16 des 17 communes du canton de Moulins-la-Marche, appartenant à la Normandie, excepté aussi : une commune du canton de Tourouvre appartenant à la Normandie, et trois communes du même canton appartenant au Thimerais; soit 115 communes de l'Orne. 2° Dans le département d'Eure-et-Loir : exactement la moitié de l'arrondissement de Nogent-le-Rotrou; soit 28 communes. 3° Dans le département de la Sarthe : 9 communes ou parties de communes de l'arrondissement de Mamers et 1 de celui de Saint-Calais; soit en tout 153 communes ou parties de communes de l'Orne, de l'Eure-et-Loir et de la Sarthe (2).

Voici le détail de toutes ces communes, groupées par départements, arrondissements et cantons :

DÉPARTEMENT DE L'ORNE. — ARRONDISSEMENT DE MORTAGNE.

Canton de Bazoches-sur-Hoëne, entier :

Basoches-sur-Hoëne, Boëcé, Buré, Champeaux-sur-Sarthe, Courgeoust, Courtoulin, la Mesnière, Saint-Aubin-de-Courteraie, Sainte-Céronne-lez-Mortagne, Saint-Germain-de-Martigny, Saint-Ouen-de-Sécherouvre, Soligny-la-Trappe.

---

(1) Nous croyons devoir indiquer ici que ces 8 communes étaient celles de : Brotz, l'Hôme-Chamondot, la Lande, Malétable, Marchainville, Moulicent, Saint-Jean-des-Meurgers et la Ventrouse, car on ne les retrouverait pas toutes dans notre tableau où nous avons omis cette indication sous la Ventrouse et où nous avons mis par erreur Saint-Jean-des-Meurgers dans l'élection de Chartres. Nous avons également omis d'indiquer que les Autels-Tuboeuf et une partie de Margon firent partie de l'élection de Longny, puis de celle de Chartres.

(2) Le nombre des communes ayant existé dans notre province étant de 177, on voit que 24 d'entre elles ont été supprimées à différentes époques et surtout dans ce siècle-ci.

Canton de Bellême, entier :

Appenai-sous-Bellême, Bellême, la Chapelle-Souëf, Chemilly, Dame-Marie, le Gué-de-la-Chaine, Igé, Origny-le-Butin, Origny-le-Roux, Pouvray, Saint-Fulgent-des-Ormes, Saint-Martin-du-Vieux-Bellême, Saint-Ouen-de-la-Cour, Serigny, Vaunoise.

Canton de Longny, entier :

Bisou, l'Hôme-Chamondot, la Lande-sur-Eure, Longny, le Mage, Malétable, Marchainville, les Menus, Monceaux, Moulicent, Neuilly-sur-Eure, le Pas-Saint-Lomer, Saint-Victor-de-Réno.

Canton de Mortagne, entier :

La Chapelle-Montligeon, Comblot, Corbon, Courgeon, Feings, Loisail, Mauves, Mortagne, Réveillon, Saint-Denis-sur-Huisne, Saint-Hilaire-lez-Mortagne, Saint-Langis-lez-Mortagne, Saint-Mard-de-Réno, Villiers-sous-Mortagne.

Canton de Moulins-la-Marche, 1 sur 17 :

Saint-Martin-des-Péscrits.

Canton de Nocé, entier :

Berd'huis, Colonard, Corubert, Courcerault, Dancé, Nocé, Préaux, Saint-Aubin-des-Grois, Saint-Cyr-la-Rosière, Saint-Jean-de-la-Forêt, Saint-Maurice-sur-Huisne, Saint-Pierre-la-Bruyère, Verrières.

Canton de Pervenchères, entier :

Barville, Bellavilliers, Coulimer, Eperrais, Montgaudry, Parfondeval, la Perrière, Pervenchères, le Pin-la-Garenne, Saint Jouin-de-Blavou, Saint-Julien-sur-Sarthe, Saint-Quentin-de-Blavou, Suré, Viday.

Canton de Regmalart, entier :

Bellou-sur-Huisne, Boissy-Maugis, Bretoncelles, Condé-sur-Huisne, Condeau, Coulonges-les-Sablons, Dorceau, la Madeleine-Bouvet, Maison-Maugis, Moutiers-au-Perche, Regmalart, Saint-Germain-des-Grois.

Canton du Theil, entier :

Bellou-le-Trichard, Ceton, Gemages, l'Hermitière, Mâle, la Rouge, Saint-Agnan-sur-Erre, Saint-Germain-de-la-Coudre, Saint-Hilaire-sur-Erre, le Theil.

Canton de Tourouvre, 11 sur 15 :

Autheuil, Bivilliers, Bresolettes, Bubertré, Champs, Ligne-rolles, la Poterie-au-Perche, Prépotin, Randonnay, Tourouvre, la Ventrouse.

DÉPARTEMENT D'EURE-ET-LOIR. — Arrond' de Nogent.

Canton d'Authon, 4 sur 15 :

Beaumont-les-Autels, Béthonvilliers, Coudray-au-Perche, les Etilleux.

Canton de la Loupe, 6 sur 17 :

Fontaine-Simon, Meaucé, Montireau, Montlandon, Saint-Eliph, Saint-Victor-de-Buthon.

Canton de Nogent le-Rotrou, entier :

Argenvilliers, Brunelles, Champrond-en-Perchet, la Gaudaine, Margon, Nogent-le-Rotrou, Saint-Jean-Pierrefixte, Souancé, Trizay-Coutretot-Saint-Serge, Vichères.

Canton de Thiron, 7 et demi sur 12 :

Combres, Coudreceau, Frétigny, Happonvilliers, Marolles, Montigny-le-Chartif, Nonvilliers-Grandhoux (moins la section formée par l'ancienne commune de Grandhoux réunie à Nonvilliers en 1836), Saint-Denis-d'Authou-Saint-Hilaire [-des-Noyers].

DÉPARTEMENT DE LA SARTHE. — Arrond' de Mamers.

Canton de Bonnétable :

Nogent-le-Bernard en partie.

Canton de la Ferté-Bernard :

Avezé en partie, Préval en partie, Théligny.

Canton de Mamers :

Saint-Cosme-de-Ver en partie.

Canton de Montmirail :

Champrond-sur-Braye en partie, Saint-Jean-des-Echelles en partie.

Canton de Tuffé :

La Chapelle-Saint-Rémy en partie, Saint-Denis-des-Coudrais en partie.

ARRONDISSEMENT DE SAINT-CALAIS.

Canton de Vibraye :

Dollon en partie.

TROISIÈME PARTIE

FIEFS SITUÉS DANS LA RÉGION PHYSIQUE

Mais non dans la Province du Perche

Nous allons présenter ici brièvement quelques indications, puisées pour la plupart à des sources originales, sur l'histoire du Perche-Gouet et de la châtellenie de la Loupe, l'un et l'autre entièrement compris dans la région physique du Perche et sur celle du Thimerais, dont la plus grande partie appartenait aussi à la même région. La vicomté de Châteaudun, vassale du comté de Chartres, la baronnie de Mondoubleau, vassale du comté de Vendôme, et le comté de Vendôme lui-même, vassal du comté d'Anjou, étaient aussi formés en partie de territoires conquis par la culture sur l'antique forêt du Perche, mais ils n'y étaient pas entièrement compris, et l'histoire de ces fiefs nous entraînerait trop loin du principal objet de cette étude, qui est la province du Perche, aussi nous ne nous en occuperons pas.

CHAPITRE Ier

BARONNIE DE CHATEAUNEUF-EN-THIMERAIS

§ 1. Premiers seigneurs du Thimerais. — § 2. Extinction des premiers seigneurs du Thimerais et démembrement de cette seigneurie, reconstituée ensuite par la maison d'Alençon. — § 3. Extinction de la maison d'Alençon et partage du Thimerais entre les descendants de Françoise et d'Anne d'Alençon. — § 4. Expressions de : Terres-Françaises, Terres-Démembrées, Ressort-Français. — § 5. Circonscriptions d'ordres divers formées par le Thimerais ou dont il faisait partie.

§ 1. Premiers seigneurs du Thimerais.

Albert, vassal du roi, fils de Ribaud, qualifié de très noble, donna avant 1061 à l'abbaye de Saint-Père-en-Vallée, en présence du roi Henri Iᵉʳ, l'église de Saint-Germain de Brezolles (1).

Une charte du cartulaire de Saint-Père prouve que Senonches appartenait à Albert (2). Mais Albert n'était pas pour cela seigneur de tout le *pagus Theodemerensis*, mentionné dans une charte du prieuré de Saint-Martin de Chamars en 1035 et qui fut plus tard le territoire de la baronnie de Châteauneuf-en-Thimerais.

Le territoire même du château de Thimer appartenait certainement de fait ou de droit à un Gaston, frère d'Albert, d'après Odolant-Desnos, et beau-frère du même personnage, d'après M. Merlet (3), qui lui fait épouser Frodeline, fille de Ribaud. Le cartulaire de Saint-Père nous apprend qu'Albert et Gaston furent longtemps en guerre (4). Gaston bâtit peu avant l'année 1058 le château de Thimer, dont le roi Henri Iᵉʳ vint faire le siège en 1058 (5).

Gaston eut deux fils : Hugues, qui lui succéda et hérita d'Albert, et Gaston, nommés l'un et l'autre dans une charte antérieure à 1080 (6). Hugues épousa Mabile, fille de Roger de Montgommery et de Mabile de Bellême, et donna asile à Châteauneuf, Regmalart, Sorel et dans ses autres forteresses à Robert Courte-Heuse, révolté contre son père (7) ; Guillaume le Conqué-

(1) *Henricus rex Francorum confirmat donationem quam fidelis ejus Abertus filius Ribaldi, nobilissimi viri, fecit de ecclesia in Bruerolensi vico constructa, monasterio Sancti-Petri Carnotensis... favente conjuge ejus Adelaisa nomine.* (Rec. des hist. des G. et de la Fr., XI, p. 602, et cartul. de Saint-Père, p. 127.)

(2) *Omnia que ad ecclesiam ejusdem castelli [Senonchiarum] pertinent, antecessore Gervasii filiique Hugonis Alberto donante nostra fuerant.* » (Cartul. de Saint-Père, p. 525.)

(3) Notice historique sur la baronnie de Châteauneuf-en-Thimerais par L. Merlet, archiviste d'Eure-et-Loir, dans la revue nobiliaire héraldique et biographique, année 1865.

(4) « *In bello quod longo tempore inter domnum Albertum et Guaszonem fuit.* » (Cartul. de Saint-Père, p. 157.)

(5) Charte publiée par D. Bouquet dans le Rec. des hist., etc., XI, p. 599 ; et dont l'original est aux archives d'Eure-et-Loir, fonds des prieurés de Marmoutiers.

(6) « *Hanc quoque cartam firmaverunt filii Waszonis, Hugo videlicet, domni Alberti heres et Guaszo, frater ejus.* » (Cartul. de Saint-Père, p. 134.) — Ils sont aussi nommés dans une charte de l'abbaye de Coulombs à laquelle ils font de grandes aumônes : « *Gastho filius magni Gasthonis frater Hugonis de Novo-Castro.* » (B. N. ms. 54 de la coll. Duchesne, p. 49.)

(7) *Tunc Hugo de Novo-Castello nepos et heres Alberti Ribaldi primus predictos exules suscepit, eisque Novum-Castellum, Raimalost atque Sorellum aliaque municipia sua pro depopulanda Neustria patefecit. Erat enim gener Rogerii comitis, habens in matrimonio Mabiliam soro-*

Ancienne porte de l'Hôpital à Mortagne, vers 1815

rant vint alors faire, en 1078, le siège de Regmalart, qui finit par se rendre; il était accompagné de Rotrou, comte de Mortagne, seigneur suzerain de Regmalart (1).

D'après Odolant-Desnos, Souchet et M. Merlet, Mabile, fille et héritière d'Hugues et de Mabile de Montgommery, aurait porté les terres de son père à un Gervais, mais nous croyons plutôt que Gervais était fils d'Hugues, d'après un extrait du cartulaire de Bonneval (2) relatant la donation de l'église de Saint-Pierre de Thimer à cette abbaye par Hugues, seigneur de Châteauneuf-en-Thimerais, fils de Gaston, du consentement de Gervais, son fils, et de Gaston, son frère.

Hugues II, fils de Gervais, fonda l'abbaye de Bellomer, et la charte qu'il lui octroya prouve que Senonches, Bellomer et la Ferrière au Val-Germond lui appartenaient, outre Châteauneuf où il tenait sa cour; le cartulaire de Saint-Père (3) nous apprend qu'il reconstruisit le château de Senonches.

Robert de Torigni raconte (4) que le duc de Normandie, excité par Gilbert de Tillières, brûla en 1152 le château de Brezolles, qui appartenait à Hugues de Châteauneuf, et une autre forteresse du Drouais, nommée Marcouville (5), et que le roi de France incendia le château de Tillières et un autre bourg de la châtellenie de Verneuil.

Le même auteur rapporte que le roi de France ayant, en 1168, brûlé Chennebrun, situé sur la rive gauche de l'Avre, en Normandie; le roi d'Angleterre, l'ayant appris, livra aux flammes le château d'Hugues de Châteauneuf, nommé Brezolles, et fit incendier par ses chevaliers celui de Châteauneuf, puis alla ravager lui-même la plus grande partie des terres du comte du Perche (6).

rem Roberti Belismensis qui regis filium secutus fuerat cum Radulpho de Conchis aliisque plurimis. (Orderic Vital, éd. Le Prevost, II, p. 296.)

(1) Orderic Vital, l. IV; éd. Le Prevost, II, 297; voyez ci-dessus p. 43, note 4.

(2) Bibl. nat. ms. 286 des 500 de Colbert, p. 127 et suiv. (fol. 291 du cartul.)

Cela est confirmé par une charte de l'abbaye de Coulombs : « *Gervasii de Castello-Novo filius Hugo nomine* » allant à la cour du roi de France « *apud altam Brueriam* » fait des concessions à Coulombs de l'assentiment de sa femme Albérède et de ses fils, Hugues et Gervais. (B. N. ms. 51 de la coll. Duchesne. p. 50.)

(3) *Prefatus Hugo, predicti Gervasii de Castro-Novo filius, novi hujus, quod nunc in eodem loco* [*Senonchiarum*] *est, edificator castelli.* (Cartul. de Saint-Père, p. 525; cette charte est placée par Guérard entre 1116 et 1149.)

(4) Ed. L. Delisle, I, 268 et 269.

(5) Commune de Vitray-sous-Brezolles, canton de Brezolles.

(6) Ed. L. Delisle, II, p. 8.

Gervais, fils d'Hugues III, fut en 1200 une des cautions du roi Philippe-Auguste vis-à-vis de Jean-Sans-Terre, et il est désigné dans le traité parmi les vassaux du roi de France (1). Gervais de Châteauneuf confirma la donation faite par Hugues, son père, au prieuré de Moutiers-au-Perche de 10 sous à prendre *in foro de Remalast*, ce qui semble prouver qu'il était seigneur de Regmalart (2). Gervais eut entre autres enfants Hugues IV et Hervé, qui se partagèrent sa succession : le premier eut Châteauneuf, Regmalart et peut-être Senonches; Hervé fut seigneur de Brezolles et épousa Alix, fille et héritière de Guillaume, seigneur de la Ferté-Ernaud et de Villepreux (3); les terres d'Hervé devaient s'étendre jusqu'à l'Avre du côté de la Normandie, car nous le voyons en 1224 donner des exemptions aux biens des moines de Jumièges, sis dans la paroisse de Saint-Martin du Vieux-Verneuil (4); cet Hervé eut un fils, nommé Hugues, seigneur de Brezolles, dont la postérité, s'il en eut, dut s'éteindre rapidement, car toutes les terres qui avaient appartenu à sa famille revinrent aux descendants d'Hugues IV.

§ 2. Extinction des premiers seigneurs du Thimerais et démembrement de cette seigneurie, reconstituée ensuite par la maison d'Alençon.

Éléonore de Dreux, veuve d'Hugues IV de Châteauneuf, ayant épousé en secondes noces Robert de Chaumont, seigneur de Saint-Clair, chevalier, celui-ci se qualifia seigneur de Châteauneuf (5) et était veuf d'elle en 1261. Éléonore de Dreux avait eu entre autres enfants de son premier mariage : 1° *Éléonore*, dont nous parlerons plus loin, — 2° *Yolande*, femme de Geoffroy de Rochefort, d'où naquit Aimery de Rochefort, seigneur en 1284 d'un

(1) Teulet : lay. du Tr. des Chartes, I, p. 217-218.

(2) Copie du cartulaire de Moustiers, prise sur l'original qui est aux archives de Loir-et-Cher, par M. de Martonne, alors archiviste de ce département, et appartenant à M. de La Sicotière, sénateur de l'Orne, fº 14.

(3) Cartul. de la Trappe publié par la Soc. hist et arch. de l'Orne, p. 13 et 17. Alix se dit en 1235 : *Aalis domina Feritatis in Pertico.*

(4) Grand cartul. de Jumièges, p. 90, nº 147; cité par A. Le Prévost; Mémoires, t. III, p. 547.

(5) Ms. des 500 Colbert à la bibl. nat., vol. 286, fol. 127 et suiv.

tiers de Châteauneuf (1), — et 3° *Marguerite*, qui épousa Hervé, de la maison de Léon en Bretagne, et lui porta la principale partie de Châteauneuf et de Senonches (2). Leur fils, Hervé de Léon, seigneur de Châteauneuf, échangea tout ce qui pouvait lui appartenir aux terres de Châteauneuf et de Senonches avec le roi Philippe III (3), qui lui donna en contre-échange en septembre 1281 : 400 livres de rente à prendre sur le Temple à Paris (4). Philippe IV céda Châteauneuf et Senonches à Charles Ier, comte d'Alençon, qui, en épousant, en 1309, Mahaut de Chastillon, fille de Gui de Chastillon, comte de Saint-Pol, bouteiller de France, lui donna, ainsi qu'aux enfants qui naîtraient d'elle, le comté de Chartres, toute la terre de Châteauneuf et de Senonches, etc. (5).

Louis de Valois, comte de Chartres, auquel était échue la terre de Châteauneuf-en-Thimerais, étant mort sans enfants en 1329, les biens de sa succession furent administrés pendant quelques années par les officiers du roi, comme le prouvent des actes de 1331, mentionnés par G. Lainé (6), puis le roi Philippe VI donna à son frère Charles II, comte d'Alençon et du Perche, une part dans l'héritage de leur frère, et lui assigna entre autres terres, par acte de mai 1335 (5) : Châteauneuf-en-Thimerais, Senonches, Champrond et leurs appartenances.

Éléonore de Châteauneuf, fille cadette d'Hugues IV et femme de Richard de la Roche, avait reçu en partage la seigneurie de Beaussart et un tiers de la châtellenie de Châteauneuf, qui passèrent à ses descendants. L'un de ces derniers, Jean de Dreux, eut entre autres enfants : Gauvain, dont la part fut Beaussart qui passa à ses descendants, et Philippe, femme de Jean de Ponteaudemer, qui, le 27 janvier 1351 (n. st.), rendit aveu à Marie d'Espagne, comtesse d'Alençon et dame de Châteauneuf-en-Thimerais, *touchant les deux parts du chastel et seigneurie de Chasteauneuf* (7) et qui, le 28 août 1370, vendit (ainsi que son fils Robert)

(1) Aimery de Rochefort vendit probablement le tiers qui lui appartenait dans la seigneurie de Châteauneuf à Richard de la Roche, puisque, d'après M. Merlet, celui-ci rendit aveu des deux tiers du chatel et chatellenie de Châteauneuf à Charles de Valois qui avait acquis la part de l'aînée des filles, à laquelle était attachée la suzeraineté sur les autres parts.

(2) « Monseigneur Hervé de Léon doit service par XL jours d'un chevalier pour le fié de Chasteauneuf » (ost du roi en 1272). Boutaric, institutions militaires de la France, p. 194.

(3) Le n° 2567 des Actes du Parlement de M. Boutaric est relatif à une estimation des biens d' « Hervey de Lyon chr » parmi lesquels figurent les manoirs de Châteauneuf et de Senonches.

(4) B. N. ms. fr. 24126 (G. Lainé, III) folio 53.

(5) Voyez les pièces justificatives.

(6) B. N. ms. fr. 24126 (G. Lainé, III), fol. 246.

(7) Ibid., fol. 177.

à Pierre, comte d'Alençon, tout le droit qu'il pouvait avoir au chastel, ville et chastellenie de Châteauneuf-en-Thimerais, à cause de Philippe de Dreux, sa femme, moyennant la somme de 1140 francs d'or (1).

La châtellenie de Champrond-en-Gastine avait été acquise en juin 1310 par Charles Ier, comte d'Alençon et du Perche, au moyen d'un échange avec Enguerrand de Marigny, chambellan du roi, et Havis de Mons, sa femme, qui la tenaient eux-mêmes de Gaucher de Châtillon, comte de Ponthieu (1). Nous ne savons quelle était sa mouvance avant 1314, mais il est probable qu'elle relevait du comté de Chartres, dont Charles Ier put facilement la distraire, puisqu'il possédait également ce comté.

M. Merlet dit, à l'article Châteauneuf-en-Thimerais, dans le dictionnaire topographique d'Eure-et-Loir, que Châteauneuf fut érigé en 1314 en *baronnie-pairie* vassale de la Couronne, relevant sans moyen de la Tour du Louvre, et que cette baronnie était composée des quatre châtellenies de : Châteauneuf, Brezolles (2), Senonches et Champrond-en-Gastine, mais nous n'avons trouvé nulle part l'indication de ces lettres d'érection, et le Père Anselme ne compte pas Châteauneuf parmi les baronnies-pairies. La baronnie de Châteauneuf-en-Thimerais est mentionnée sous le nom de *Terres-Françaises* dans l'hommage de 1461, sous celui de *Chasteauneuf-en-Thimerais* dans l'acte de souffrance de 1498, et n'est indiqué sous celui de *baronnie de Chasteauneuf-en-Thimerais* que dans l'acte de réception en foi et hommage de 1509, ainsi que dans les suivants (1).

La baronnie de Châteauneuf-en-Thimerais resta à la maison d'Alençon jusqu'à son extinction en 1525.

---

(1) Voyez les pièces justificatives.

(2) Les seigneurs de Châteauneuf-en-Thimerais ne possédaient certainement alors que la suzeraineté et non la propriété utile de la châtellenie de Brezolles, qui ne pouvait être, par conséquent, qu'un *fief servant* et non *membre* de celui de Châteauneuf; en effet, Olivier d'Aché était seigneur de Brezolles en 1300, Gilbert de Tillières l'était en 1392, et Guillaume de Mellicourt en 1404, car ces personnages reçurent à ces dates, comme seigneurs de Brezolles, des aveux conservés aux Archives nationales : R⁵ 174 (ancien O. 19176), cotes 719 et 720.

Peut-être la seigneurie de Brezolles était-elle divisée en plusieurs fractions appartenant à des seigneurs différents, comme semble l'indiquer cette clause du traité du Goulet, conclu en mai 1200 entre Philippe-Auguste et Jean-Sans-Terre (et publié par M. Teulet, I, p. 217) : « *Dominus de Tilleriis habebit id quod habere debet in dominatu de Bruerolio.* »

§ 3. Extinction de la maison d'Alençon et partage du Thimerais entre les descendants de Françoise et d'Anne d'Alençon.

Dès la mort du duc Charles IV (1525), le roi fit saisir ses terres, dont la plupart avaient été données à ses ancêtres en apanage et devaient, faute d'hoirs mâles, faire retour à la Couronne suivant la loi des apanages.

Mais la baronnie de Châteauneuf ne faisait point partie de l'apanage du duc d'Alençon ; en effet, le comte Charles II avait hérité d'un tiers de cette baronnie de son frère Louis, comte de Chartres, par le partage de 1335 et Pierre II avait acquis les deux autres tiers en 1370, enfin Champrond avait été acquis par Charles, en 1310 ; aussi les deux sœurs du duc Charles, Françoise, femme de Charles de Bourbon, duc de Vendôme, et Anne, marquise de Montferrat, s'opposèrent à la saisie par le roi des biens de leur frère ; il s'en suivit un procès qui ne fut terminé qu'en 1563 par une double transaction entre le roi Charles IX et les descendants d'Anne et de Françoise d'Alençon, dont le roi admettait les prétentions en leur restituant la baronnie de Châteauneuf-en-Thimerais. Cette terre fut divisée en deux parts ; les héritiers de Françoise d'Alençon, qui était l'aînée, parmi lesquels se trouvait Henri IV son petit-fils, eurent le choix et prirent Châteauneuf et Champrond ; par lettres du 25 novembre 1565, enregistrées au Parlement de Paris le 19 janvier 1566 (n. st.) (1), le roi céda à Louis de Gonzague, petit-fils d'Anne d'Alençon, marquise de Montferrat (devenu la même année duc de Nivernais par son mariage avec Henriette de Clèves) : les villes, bourgs et châtellenies de Senonches et Brezolles-en-Thimerais, et il fut convenu que lesdites terres seraient distraites de la baronnie de Châteauneuf, tant pour le regard de la tenure féodale que droit de baronnie du dit Châteauneuf, et que ces terres, ou l'une d'elles, au choix du dit Louis, seraient tenues et mouvantes *en plein fief à une foy et hommage* du roi et de sa couronne, à cause de son château du Louvre.

M. Merlet dit (p. 513) dans la notice mentionnée ci-dessus, qu' « au mois de février 1566 le roi Charles IX avait érigé les seigneuries de Brezolles et Senonches, cédées en principauté sous

(1) Arch. nat. XIA 8626, fol. 86.

le nom de Mantoue, en faveur de Louis de Gonzague, père de
Charles. Ce dernier jusqu'à la mort de son père porta le nom de
Thimerais », et, dans le dictionnaire topographique du département d'Eure-et-Loir, que ces terres furent érigées en principauté
sous le nom de Mantoue (1) ; cela peut être vrai, mais comme ces
lettres n'ont jamais été enregistrées au Parlement et qu'aucun auteur n'en cite de copie, ni d'analyse, que les auteurs qui en parlent
n'indiquent aucune source, nous sommes plutôt tenté de croire
que voyant que ces terres étaient distraites de leur mouvance
primitive pour ne relever que du roi, on crut pouvoir en conclure
qu'elles étaient *cédées en principauté*, ce qui semblait d'autant
plus vraisemblable que le fils du duc de Nevers put porter le
nom de prince de Mantoue ou de Thimerais, avant d'être devenu
duc de Nevers par la mort de son père et duc de Mantoue par
celle d'un de ses cousins (2).

Henri IV devenu seul possesseur de la première part de la baronnie de Châteauneuf vendit en 1600 la châtellenie de Champrond à Jean de Vauloger, seigneur de Neufmanoir, et engagea la
même année la baronnie de Châteauneuf à Philippe Hurault de
Cheverny qui céda ses droits en 1605 à Charles II de Gonzague,
duc de Nevers, fils de Louis ; le duc de Nevers se trouvait ainsi
seul possesseur de toute l'ancienne baronnie de Châteauneuf, mais
ces deux fractions restèrent cependant séparées, quant à la mouvance, et il en rendit hommage au roi le 5 janvier 1607 (3) ; son
petit-fils Charles III de Gonzague, duc de Nevers et de Mantoue,
vendit l'une en 1649 (4) et l'autre, comprenant Senonches et Brezolles en partie, au comte de Broglie en 1654 (3).

(1) Bry de la Clergerie dit, p. 11 : « Les terres démembrées sont Chasteauneuf en Thimerais, Senonches, Bazoches [il veut dire : Brezolles] et
Champront... ont Coustumes à part, sont souz la diocèse de Chartres et
attribuées es cas de l'édict au siège présidial du dit lieu, la pluspart de
l'élection de Verneuil et furent érigées en principauté portant tiltre de
Mantoüe, en faveur de feu Monseigneur le duc de Nevers, par lettres non
encore vérifiées. »

(2) L'auteur des « Généalogies historiques des rois, empereurs, etc., »
t. II, « contenant les maisons souveraines d'Italie » (Paris, Giffart, 1736,
in-4°) p. 288, consacre plus de deux pages à Louis de Gonzague et à son
fils, « un des plus grands princes de son temps, » dont les droits sur
Mantoue furent reconnus par le traité de Chérasco (1631) après quatre
ans de guerre et grâce à l'intervention de Louis XIII. Il ne dit pas un mot
de cette prétendue principauté de Thimerais.

(3) Voyez les pièces justificatives.

(4) Notice sur la baronnie de Châteauneuf-en-Thimerais, par M. Merlet,
p. 513. C'est probablement cette partie de la baronnie qui appartenait
en 1758 « à messire Jean-Baptiste-François des Marets, maréchal de France,
seigneur marquis de Maillebois, etc., comme héritier de messire Nicolas

Une lettre (1) adressée par le subdélégué de Châteauneuf-en-Thimerais à l'intendant d'Alençon, qui avait été chargé de faire une enquête sur les terres titrées de sa généralité, nous apprend qu'en 1734 ou 35, S. A. S. Mlle de la Roche-sur-Yon (2) fit ériger en comté les terres de Senonches et Brezolles. Le prince de Conti, son petit-neveu, céda le comté de Senonches au roi Louis XV, qui le plaça avec le même titre en avril 1771 dans l'apanage qu'il constitua à son petit-fils, le comte de Provence, plus tard Louis XVIII (3). En mai 1775 le roi Louis XVI accorda à son frère à titre de supplément d'apanage le duché d'Alençon, et la forêt de Senonches qui n'était pas comprise dans le comté de Senonches par la donation de 1771 (4).

Nous avons trouvé dans une autre lettre de Vallée, subdélégué de Verneuil, faisant partie de la même correspondance que les deux terres de Maillebois et Blévy ont été érigées en un marquisat par lettres patentes de 1621, accordées à Madame de Jambville (5), registrées le 30 août 1625 (6) et que Monsieur des Marets a obtenu pareilles lettres en 1706, registrées le 2 mai 1708 (7). Ces terres relevaient précédemment de la baronnie de Châteauneuf, mais la mouvance en fut distraite et attachée dès lors à la Couronne.

Il est dit dans la même lettre que les terres et châtellenies de la Ferté-Vidame et Beaussart furent par lettres patentes de 1734 érigées conjointement en comté et distraites de la baronnie de Châteauneuf-en-Thimerais et la mouvance attachée à la Tour du Louvre, en faveur de messire Louis, duc de Saint-Simon (8).

§ 4. Expressions de : Terres - Françaises, Terres-Démembrées, Ressort-Français.

La baronnie de Châteauneuf-en-Thimerais et ses dépendances sont quelquefois désignées sous le nom de *Terres-Françaises,*

des Marets, ministre et contrôleur général des finances qui l'avait acquise des héritiers de M. le Clerc de Lesseville en 1679 » (Arch. de l'Orne, C. 752).

(1) Archives de l'Orne, C. 752.

(2) Louise-Adélaïde de Bourbon-Conti, née en 1696, morte sans alliance en 1750.

(3) Voyez les pièces justificatives concernant le comté du Perche.

(4) Arch. nat. PP. 146 *bis.*

(5) Marie Le Clerc de Lesseville, mariée en 1573 à Antoine Le Camus, seigneur de Jambeville, président au Parlement de Paris.

(6) Arch. nat. X1A 8650, fol. 279.

(7) Arch. nat. X1A 8702, fol. 188.

(8) Registrées par le Parlement : Arch. nat. X1A 8736, fol. 582.

notamment dans les actes de foi et hommages rendus par les
comtes du Perche Jean Ier et Jean II en 1405 et 1461. Le 10 octobre 1509, Charles IV, comte du Perche, fit foi et hommage au roi
de diverses terres et entre autres de la *baronnie de Chasteauneuf
et Terres-Françaises* (1).

Nous croyons que cette appellation vient de ce que ces terres
n'étant séparées que par l'Avre des terres qu'avait le duc d'Alençon en Normandie, dans les environs de Verneuil, et faisant
partie comme ces dernières de l'élection de Verneuil, on les appela ainsi pour les distinguer des terres normandes situées sur la
rive gauche de l'Avre.

Elles furent aussi quelquefois appelées *Terres-Démembrées*, et
M. Merlet, à l'article Thimerais dans le Dictionnaire topographique d'Eure-et-Loir, dit qu'elles furent ainsi nommées depuis
qu'elles furent séparées de la Couronne par Henri II en faveur
d'Antoine de Bourbon, duc de Vendôme; (elles ne le furent qu'en
1565 en faveur d'Henri de Bourbon, qui fut le roi Henri IV, et
de Louis de Gonzague).

L'expression de *Terre-Française* est employée (abusivement,
croyons-nous) (2) par Bry, p. 10, pour désigner un territoire qui
est nommé dans les actes officiels : *Ressort Français de la Tour
Grise de Verneuil*, ou simplement: *Ressort Français*, et qui,
comme division financière faisant partie de l'élection de Verneuil,
comprenait en 1466 les trois paroisses de Saint-Martin-du-Vieux-
Verneuil, Armentières-sur-Avre, et Saint-Lubin-de-Cravant (3)
et ne renfermait en 1709 que les trois mêmes paroisses (4); au
point de vue judiciaire il formait un bailliage s'étendant sur environ vingt-deux paroisses du Thimerais, situées sur la rive droite
de l'Avre qui les séparait de la Normandie (5); la justice y était exer-

(1) Voyez les pièces justificatives pour le comté du Perche.

(2) L'expression de *Terres-Françaises* étant employée dans les aveux
de 1405, 1461, 1509 comme synonyme de *Thimerais*, on ne peut sans
risquer de causer une confusion ou un malentendu, l'appliquer au *Ressort-Français* de la Tour-Grise de Verneuil, qui ne comprenait qu'une
petite partie du Thimerais.

(3) Assiette de la taille dans l'élection d'Alençon et du Perche, Saint-
Silvin et le Thuit pour l'année 1466; B. N. ms. fr. 21421.

(4) Dénombrement du royaume par généralités, élections, etc., publié à
Paris, par M***, chez Saugrain, 1709. La paroisse de Saint-Martin y est
même placée dans la châtellenie de la Ferté-Vidame et non dans le Ressort-Français, mais il est évident que c'est une erreur, cette paroisse
contenant la Tour-Grise, chef-lieu du Ressort.

(5) Dix-sept de ces paroisses nous sont connues par l'aveu rendu le
30 octobre 1566 à la reine à cause de sa Tour grise de Verneuil au Perche,
par Jean le Cherier, sergent fieffé et hérédital au Ressort-Français de Verneuil au Perche, « de la dite sergenterie qui se consiste en 17 paroisses

cée par des officiers royaux se qualifiant *bailly* et *lieutenant de la
Tour Grise de Verneuil et Ressort Français,* dont les jugements
étaient attaqués en appel devant le parlement de Paris ; on y suivait les Coutumes du Thimerais (1). Verneuil se composait de
deux villes, l'une française l'autre normande, séparées par l'Avre :
sur la rive droite la Tour Grise protégeant le vieux Verneuil et
capitale du Ressort-Français, sur la rive gauche le nouveau Verneuil, bâti et fortifié par les ducs de Normandie pour se défendre
contre les rois de France, et chef-lieu d'un bailliage ressortissant
au Parlement de Rouen. Bry dit, p. 5 et 10, que « tout le Ressort-
Français est de la diocèse d'Evreux », mais il se trompe certainement, car le diocèse de Chartres s'étendait jusqu'à l'Avre, et
toutes les paroisses du Ressort-Français qui nous sont connues
étaient sur la rive droite de l'Avre et faisaient partie du doyenné
de Brezolles au diocèse de Chartres.

§ 3. Circonscriptions d'ordres divers
dont faisait partie le Thimerais.

Au point de vue religieux, tout le Thimerais était compris
dans le diocèse de Chartres, dont il occupait la partie Nord-Ouest.

Au point de vue féodal, il formait, dès 1200, un seul grand-
fief mouvant nuement de la Couronne de France ; ce fief fut
divisé en 1563 en deux parties, relevant l'une et l'autre de la
Couronne : d'un côté Châteauneuf, de l'autre Senonches et Brezolles, érigés plus tard en comté de Senonches ; enfin, au
XVIIIe siècle, la mouvance de la Ferté-Vidame et Beaussart fut
distraite de la baronnie de Châteauneuf et attachée à la Couronne, ainsi que celle de Maillebois et de Blévy ; de sorte qu'à la
fin du XVIIIe siècle, la baronnie de Châteauneuf-en-Thimerais
était loin d'avoir la même étendue qu'au XIIIe siècle, et que le
Thimerais au lieu d'un seul grand fief en comprenait quatre :
baronnie de Châteauneuf, comté de Senonches, marquisat de
Maillebois, comté de la Ferté-Vidame.

du pays français, savoir est : Blévy, Saint-Ange, Aulney-soubs-Couvey,
Millanvilliez, Saint-Arnoul-des-Bois, Billoncelles, Monceaux et la Poterie,
Saint-Germain-de-la-Gastine, Saint-Lubin-de-Crevent, Revercourt, Dampierre-sur-Avre, Bremses et Brulées [?], Mainternées, [D]ermentières, Normandel, la Trinité et Saint-Martin-du-Vieil-Verneuil, esquels villaiges et paroisses dessus déclarées et autres paroisses assises au dit Ressort-François
et Chasteauneuf-en-Thimerais, moi, mes commis et députés, et non autres,
font tous exploits de justice. » Arch. nat. P 2933, cote 178 (ou VI[c] LV).

(1) Bry, p. 10, et Mém. de Pomereu sur le duché d'Alençon, p. 81.

Nous ne croyons pas que le Ressort-Français formât une circonscription féodale ni que la mouvance d'aucun fief fût attachée à la Tour Grise de Verneuil, si ce n'est celle de la « sergenterie fieffée du Ressort-Français de Verneuil au Perche », car dans les nombreux aveux du Thimerais que nous avons dépouillés dans les archives de la Chambre des Comptes ou dont nous avons trouvé la copie dans les manuscrits du prieur de Mondonville, c'est le seul aveu que nous ayons vu reporté à la Tour Grise.

Au point de vue judiciaire, le Thimerais formait la circonscription : 1° du bailliage de Châteauneuf-en-Thimerais, qui recevait les appels de la vicomté de Châteauneuf et des justices seigneuriales du pays, et dont les jugements pouvaient être attaqués (au moins en 1517) devant les Grands-Jours de la baronnie de Châteauneuf (1), soumis eux-mêmes au parlement de Paris et au présidial de Chartres (2) ; 2° du bailliage de la Tour Grise de Verneuil et Ressort-Français, soumis également au parlement de Paris et à son présidial de Chartres.

Au point de vue législatif, le Thimerais formait une circonscription indépendante et complète : les « Coutumes générales et usages de la baronnie, châtellenie, terres et seigneurie de Châteauneuf-en-Thimerais, Ressort-Français, et dépendances des lieux, terres et seigneuries estant ès fins, mettes et enclaves d'icelle baronnie et châtellenie, arrestée, accordée et publiée » en octobre et novembre 1552, sont insérées dans le grand Coutumier général, publié par Bourdot de Richebourg. Le procès-verbal de comparution des députés du Tiers-État nous donne la liste des communes du Thimerais, que nous rangeons ici suivant l'ordre des subdivisions de l'Élection de Verneuil, dont les trois premières correspondaient probablement aux divisions féodales du Thimerais existant lors de l'établissement de cette Élection.

CHÂTELLENIE DE CHÂTEAUNEUF-EN-THIMERAIS : Allainville, Ardelles, Aunay-sous-Couvé (3), Belhomer, Blévy, Boissy-en-Drouais, Châtaincourt, Châteauneuf-en-Thimerais, Dampierre-sur-Blévy, Dampierre-sur-Avre, Digny, Escorpain, Favières, la Ferrière-au-Val-Germond (4), Feuilleuse, Fontaine-les-Riboust, Garancières-en-Drouais, Garnay, Hauterive (5), Jaudrais,

(1) Voyez les pièces justificatives.
(2) Pierre Gygnet était en 1517 « baillif de Bons-Moulins et du Chastelneuf en Thymerais », mais cela ne prouve pas que ces deux terres ne formassent qu'un seul bailliage.
(3) Nommée actuellement : Aunay-sous-Crécy.
(4) Actuellement réunie à Fontaine-Simon.
(5) Actuellement réunie à Saint-Maixme.

Laons, Levasville et Saint-Sauveur (1), Louvillier-lez-Perche, Main-terne, la Mancelière, Menou, Marville-Moutier-Brûlé, le Mesnil-Thomas, Prudemanche, la Puisaye, les Ressuintes, Revercourt, Saint-Ange, Saint-Germain-de-Lézeau (2), Saint-Jean-de-Reberviliers, Saint-Lubin-des-Joncherets, Saint-Maixme, Saint-Martin-de Lézeau (2), Saint-Rémy-sur-Avre, la Saucelle, Saulnières, Senonches, Tardais, Theuvy, Thimer, Vérigny, la Ville-aux-Nonains, Villette-les-Bois (3), Vitray-sous-Bresolles.

SERGENTERIE DE BRESOLLES : Berou-la-Mulotière, les Châte-lets, Crucey, Fessanvilliers, la Gadelière (4), Mattanvilliers (5), Montigny-sur-Avre, Normandel, la Trinité-sur-Avre (6).

CHATELLENIE DE LA FERTÉ : Beauche, la Bréhardière (7), Boissy-le-Sec, la Chapelle-Fortin, Charencey (8), la Ferté-Vidame, Lamblore, Morvilliers, Moussonvilliers, Réveillon (9), Rohaire, Rueil, St-Maurice-lez-Charencey, Saint-Victor-sur-Avre.

RESSORT-FRANÇAIS : Armentières-sur-Avre, Saint-Lubin-de-Cravent, Saint-Martin-du-Vieux-Verneuil.

Le procès-verbal de 1552 place encore dans le Thimerais les paroisses suivantes, que nous ne retrouvons pas dans l'élection de Verneuil : Achères (10), Bernier (10), Billancelles, Boissy-le-Sec près Houdent, Bonvilliers (11), le Boullay-les-Deux-Eglises, le Boullay-Thierry, les Chaises (12), Champigny, Champrond-en-Gastine, Chesne-Chenu, Couvé (13), la Framboisière, Fresnay-le-Gilmert, Mézières, Mittainvilliers et Gemainvilliers, Saint-Arnoul-des-Bois, Saint-Germain-la-Gastine, Tremblay-le-Vicomte (14).

Enfin, pour avoir la liste complète des paroisses du Thimerais, il faut certainement ajouter à celles dont le nom précède :

(1) Actuellement Saint-Sauveur-Levasville.
(2) Actuellement réunie à Maillebois et à Saint-Maixme.
(3) Actuellement réunie à Chêne-Chenu.
(4) Actuellement réunie à Rueil.
(5) Actuellement réunie à Fessanvilliers.
(6) Actuellement réunie à Beaulieu.
(7) Actuellement réunie à Dampierre-sur-Avre.
(8) Actuellement réunie à Saint-Maurice-lez-Charencey.
(9) Actuellement réunie à la Ferté-Vidame.
(10) Actuellement réunie à Theuvy.
(11) Actuellement réunie à la Chapelle-Fortin.
(12) Actuellement réunie au Tremblay-le-Vicomte et totalement détruite.
(13) Actuellement réunie à Crécy et totalement détruite.
(14) Il est dit dans le même procès-verbal qu'on prononça également défaut contre les habitants des paroisses de Saint-Victor-de-Buton, de Montlandon, de Montireau et de Frétigny qui ne s'étaient pas fait représenter ; ces paroisses faisaient partie de la province du Perche, mais peut-être renfermaient-elles quelques hameaux dépendant du Thimerais.

Monceaux-la-Poterie (1), citée dans la liste des paroisses du Ressort-Français, par l'aveu de 1566, et : Maillebois, Ecluselles, Marville-les-Bois et Saint-Etienne de la Burgondière (2), qui faisaient partie de la châtellenie de Châteauneuf de l'élection de Verneuil, et n'y auraient certainement pas été mis s'ils n'avaient pas fait partie du Thimerais. Nous arrivons ainsi à un total de 100 communes (actuellement réduites à 82), qui font toutes partie du département d'Eure-et-Loir, sauf trois comprises dans le département de l'Eure (Armentières-sur-Avre, Saint-Martin-du-Vieux-Verneuil et Saint-Victor-sur-Avre) et cinq comprises dans l'Orne, canton de Tourouvre : Charencey, Moussonvilliers, Normandel, Saint-Maurice-lez-Charencey et la Trinité-sur-Avre.

Au point de vue représentatif, nous voyons par l'état annexé au règlement qui accompagne la lettre du Roi pour la convocation des Etats-Généraux, datée du 27 avril 1789, que Châteauneuf-en-Thimerais formait alors, comme en 1614, un bailliage secondaire députant au bailliage principal de Chartres ; sous ce nom étaient certainement compris non seulement le bailliage de Châteauneuf proprement dit, mais aussi celui de la Tour Grise de Verneuil et Ressort-Français.

Au point de vue financier et administratif, le Thimerais faisait partie de l'élection de Verneuil, comprise dans la Généralité d'Alençon et partagée en quatre subdivisions dont nous avons indiqué ci-dessus la composition (3 ; outre le Thimerais, cette élection comprenait encore huit paroisses de la province du Perche depuis la suppression de l'élection de Longny en 1686 (4) et un certain nombre de paroisses normandes (5).

Au point de vue militaire, le Thimerais était du gouvernement de l'Ile-de-France ; il y avait à Châteauneuf une maréchaussée et des archers (6).

---

(1) Actuellement réunie à Fontaine-la-Guyon et totalement détruite.

(2) Actuellement réunie au Mesnil-Thomas.

(3) Nous avons donné cette liste de paroisses du Thimerais comprises dans l'élection de Verneuil d'après le dénombrement du royaume par généralités, élections, etc., publié à Paris en 1709. Nous *regrettons de n'avoir pu collationner cette liste avec celle du ms. fr. 21421 de la B. N. qui se rapporte à l'année 1466. Nous avons seulement noté qu'outre les quatre subdivisions du Thimerais existant au xviiie siècle, il y en avait en 1466 une cinquième : la châtellenie de Senonches.

(4) Voyez ci-dessus p. 140, note 1.

(5) Nous lisons dans l'Etat de la Généralité d'Alençon, en 1698, publié par M. Duval, que « les élections du duché d'Alençon sont..... et Verneuil, auquel est joint le bailliage de Châteauneuf-en-Thimerais. »

(6) Etat de la Généralité d'Alençon, p. 65 et 177.

CHAPITRE II

PERCHE-GOUET ET CHATELLENIE DE LA LOUPE

*§ 1. Formation et premiers seigneurs du Perche-Gouet. -- § 2. Succes-
seurs des Gouet. -- § 3. Noms successivement employés pour désigner le Perche-Gouet. -- § 4. Composition du Perche-Gouet et
circonscriptions d'ordres divers dont il faisait partie. -- § 5. Châtellenie de la Loupe.*

§ 1. Formation et premiers seigneurs du Perche-Gouet.

Les historiens chartrains et percherons (1) sont unanimes à
dire que les Normands ayant envahi et ravagé le pays chartrain,
Hélie (2), évêque de Chartres, parvint à les repousser dans la
seconde moitié du IX⁰ siècle et, pour récompenser les chefs qui
l'avaient aidé dans cette entreprise, leur donna une partie des
terres de son église ou plutôt de celles de l'abbaye de Saint-
Père (3), et entre autres les cinq terres de : Alluyes, Brou, Montmirail, Authon et la Bazoche, situées dans les doyennés de Brou
et de Dunois au Perche. Cauvin (4) dit que dès l'an 884, Girard,
évêque de Chartres, avait obtenu de Charles le Gros le haut
domaine des terres seigneuriales d'Alluye, Brou, Authon, Montmirail et la Bazoche ; ce dont nous avons trouvé la confirmation
pour Alluyes dans un passage du cartulaire de Notre-Dame de

(1) En dernier lieu, M. Gouverneur, Essais sur le Perche, p. 47.

(2) Nommé évêque de Chartres probablement vers 840. (Guérard, cartul.
de Saint-Père, CCXXXIV.)

(3) « Le prélat s'appropria leurs biens [ceux des religieux de Saint-
Père] qu'il convertit à son usage ou distribua en bénéfice à ses vassaux.
(Guérard, cart. de Saint-Père, CCXXXV.)

(4) Dictionnaire du diocèse du Mans, p. 630, d'après l'Hist. de la cité
des Carnutes, I, 146.

Chartres 1. Mahaut, veuve de Geoffroy de Médène, fille, d'après M. Merlet 2, de Gautier d'Alluyes, et probablement dame d'Alluyes et de Brou, ayant épousé, au milieu du XI⁰ siècle, Guillaume Gouet, seigneur de Montmirail, Authon et la Bazoche, celui-ci se serait trouvé possesseur du pays, nommé à cause de lui, *Fief-Gouet*, puis *Perche-Gouet*; M. Merlet doute que Guillaume ait possédé en réalité ce vaste territoire; nous n'avons pas trouvé de document qui le prouve; mais nous n'y voyons aucune impossibilité, d'autant plus que ses successeurs furent vite en possession de ces cinq terres, si elles n'étaient pas réunies sous sa main. Nous avons la preuve qu'il était au moins seigneur de Brou (3).

Guillaume II Gouet, fils de Guillaume, était certainement seigneur d'Alluye dès 1080 4, de Montmirail vers 1090 5, de Château-du-Loir et de plusieurs terres sises dans les environs 6, mais nous croyons qu'il était également seigneur des trois autres baronnies du Perche-Gouet, car, d'une part, nous le voyons faire des fondations ou donations dans toute cette région, et aucun document ne nous a montré l'existence à la même époque d'autres seigneurs de ces terres, enfin son père était seigneur de Brou 7 et sa mère d'Alluyes; il ne reste donc de doutes que

(1) *Idibus junii. Obiit domnus Jerardus* (Gérard, évêque de Chartres, vers 887) *episcopus. Hic sua impetratione imploravit aput Karolum imperatorem Aloium cujus medietatem altari Sancte-Marie, alteram cessit profuturam fratrum utilitati.* (Cart. de Notre-Dame de Chartres, II, 127.)

(2) Cartul. de Tiron, p. 24.

(3) *Ecclesia Sancti-Leobini, quæ in Braico castro super flurium Osanne fundata est et a domino meo Willelmo, ipsius castri domino, cum aliis rebus tenere videor...* (Cartul. de Saint-Père, I, 148.)

(4) *Willelmus, honoris Alogiæ dominus, ... annuente venerabili matre mea Mahilde, una cum karissima conjuge Eustachia, seu liberis nostris adhuc infantulis Hugone ac Willelmo... Ante a. 1080.* (Cartul. de Saint-Père, I, 215.)

(5) *Willelmus Goet et uxor ejus Eustachia...* (vers 1090) *..... in chamera W. Goet in castro quod nominatur Monsmirabilis.* (Cartul. de Saint-Vincent du Mans, col. 127.)

(6) 1070-76. *Willelmus Goietus cum uxore sua annuit Sancto Vincentio ... omnia que ad honorem Castelli-Lid pertinent..... et si qua alia sunt que ad casamentum Castelli-Lid pertineant.....* (Cartul. de Saint-Vincent du Mans, n⁰ 514.) — Cette charte est accompagnée de la note suivante des éditeurs : « La suzeraineté de Guillaume Gouet sur Tuffé, Château-du-Loir, le Lorrouer, Courdemanche et Saint-Gervais-de-Belin, peut s'expliquer par l'alliance de son père Guillaume I⁰ʳ avec Mahaud d'Alluie. »

(7) En 1079, Guillaume II et sa mère Mahaut donnent au prieuré de Vieuvicq (situé au nord de Brou) le panage et tout le bois dont ils auraient besoin « *ex bosco ipsorum de Pertico.* » (Mabille, cart. du Dunois, p. 41.)

pour Authon (1) et la Bazoche-Gouet, les moins importantes des cinq baronnies, situées l'une et l'autre entre Brou et Montmirail, et dont la seconde a gardé dans son nom un souvenir de ses anciens seigneurs (2.

§ 2. Successeurs des Gouet.

Nous croyons inutile de rapporter ici la suite des seigneurs du Fief-Gouet, qui passa successivement par mariage dans les maisons de Donzy, de Châtillon, de Bourbon, de Bourgogne, de Dampierre, de Bar, de Luxembourg; Louis de Luxembourg, comte de Saint-Pol, connétable de France, donna les cinq baronnies à sa sœur Isabeau, femme de Charles III d'Anjou, comte du Maine; leur fils Charles IV d'Anjou, comte du Maine, démembra les cinq baronnies : il vendit en 1478 *Montmirail, Authon et la Bazoche* à Louis du Maine, son frère bâtard; mais à la mort de Charles d'Anjou, Louis XI, son héritier, exerça le retrait lignager, reprit ces trois baronnies et les donna à Jacques de Luxembourg ; les familles de Melun, de Bruges et de la Baulme en héritèrent ensuite; Jacques-Nicolas de la Baulme les vendit à Jean Perrault, président, et celui-ci à Louis-Armand de Bourbon-Conti dont la veuve, Marie-Anne de Bourbon, dite Mademoiselle de Blois, démembra encore ces trois baronnies : elle vendit en 1719 : *Authon* à Charles-Nicolas le Clerc de Lesseville, intendant de Limoges, — *Montmirail et la Bazoche* à Jean-Thomas Havet de Neuilly, conseiller au parlement; ces deux dernières terres passèrent ensuite aux familles Guillebon et le Pesant de Boisguilbert dont les descendants possèdent encore le château et la plus grande partie de la forêt de Montmirail.

Louis XI hérita de Charles d'Anjou des baronnies d'*Alluyes et Brou* qu'il donna à Jacques d'Armagnac, duc de Nemours, en considération de Louise d'Anjou, sa femme, sœur et héritière de Charles. Ces deux terres appartenaient en 1507 à Antoine de Luxembourg, qui les vendit à Florentin Girard, seigneur de Dan-

(1) Guillaume II fonda et donna à l'abbaye de Tiron le prieuré des Châtaigniers, qui est dans la commune de Soisé, sur la limite de celle d'Authon, dont il est très proche. (Cartul. de Tiron, p. 24.) Il était suzerain de Villevillon (paroisse des Autels-Villevillon), sis entre Brou et la Bazoche. (Cart. de Saint-Père, 163.)

(2) Guérard s'exprime ainsi sur Guillaume II : « *Hic erat dominus Montis-Mirabilis et quatuor baroniarum, quibus constabat ea pars pagi Perticensis que nuncupatur Perche-Gouet.* » (Cart de Saint-Père, p. 471.)

geau, auquel, par retrait féodal, l'évêque de Chartres les retira et les vendit à Florimond Robertet, secrétaire des finances, en faveur duquel Alluye fut érigé en marquisat 1 ; l'un des fils de Florimond, Claude Robertet, eut la baronnie d'Alluye (qui passa aux familles Babou de la Bourdaisière, d'Escoubleau, de Gassion et de Montboissier), et l'autre, nommé François, eut celle de Brou qui appartint aux familles de Rostaing, de Beaumanoir, de Courcelles, de Montmorency, des Ligneris, de Montboissier et fut achetée en 1784 par Albert, comte de Bavière-Grosberg (2).

§ 3. Noms successivement employés pour désigner le Perche-Gouet.

Le territoire qui porta plus tard le nom de Perche-Gouet était désigné, au XIIe siècle, sous le nom de *Terre-Gouet* (3, au XIIIe siècle, sous le nom de *Fief-Gouet* ou de *Terre du Fief-Gouet*, puis sous celui de *Terre d'Alluye,* Alluye étant alors considérée comme sa capitale (4, avantage que Brou, puis Montmirail semblent avoir partagé avec elle à d'autres époques (5).

L'emploi du terme de *Perche-Gouet* nous semble absolument moderne : c'est en 1540 que nous le voyons employé pour la première fois, dans l'aveu de Marie de Melun ; il a pu l'être un peu plus tôt, mais nous ne croyons pas que son usage remonte au-delà du XVIe siècle (6.

Le Perche-Gouet est souvent désigné par le nom de *Petit-Per-*

(1) Chasot de Nantigny : Tablettes historiques, généalogiques, etc., VI, p. 97.

(2) (Ces notes sont tirées de nos pièces justificatives, d'un manuscrit de la fin du XVIIIe siècle, nous appartenant, d'une notice sur la baronnie d'Alluye publiée par M. Lefèvre, dans les Mémoires de la Société archéologique d'Eure-et-Loir, t. V, p. 42, et du dictionnaire de la Sarthe de Pesche, art. Montmirail.

(3) *Ego Philippus, heres terre Goeti et dominiis..... predecessores mei terre Aloie domini.* (Charte du cartul. de la Couture (p. 55) datée de 1140.)

(4) Voyez les pièces justificatives.

(5) Eudes, comte de Nevers, mariant en 1265 sa fille Yolande à Jean-Tristan de France, fils de saint Louis, ne les nomme que *sa terre du Perche : « Nous Oedes... fesons savoir... cele Yolent aura à mariage nostre terre de Danzé et de Saint-Aignen en Berri et del Perche... etc. »* (Arch. nat. J. 256, n° 58, pub. par M. de Laborde, III, p. 413.)

(6) M. Longnon, dans la planche XI (France vers 1032) de son atlas historique mentionne la *seigneurie du Perche-Gouet* ainsi que dans les

che et quelquefois sous celui de *Bas-Perche* par opposition à la province ou au comté du Perche, désignée par celui de *Grand-Perche.*

Les cinq principales terres du Perche-Gouet sont désignées d'abord sous le nom de *terres,* et n'ont encore aucun titre dans l'aveu de 1383 (1); *en 1402,* Robert de Bar rend aveu de ses *châteaux, villes* et *châtellenies* de Brou, Alluye, etc.; enfin, *en 1505,* Marie et Françoise de Luxembourg rendent foy et hommage pour raison des *baronnies* d'Alluye, Brou, etc. (1).

§ 4. Communes du Perche-Gouet et circonscriptions d'ordres divers dont il faisait partie.

Le Perche-Gouet se composait des 36 communes suivantes :

Alluye, Arrou, Arville, les Autels-Saint-Eloy (appelée aujourd'hui les Autels-Villevillon), Authon, Saint-Avit-au-Perche, la Bazoche-Gouet, Brou, Bullou, Champrond-sur-Braye en partie, Chapelle-Guillaume, Chapelle-Royale, Charbonnière, Châtillon, la Croix-du-Perche, Dampierre-sur-Brou, Dangeau, Frazé, le Gault, Luigny, Melleray, Mézières-au-Perche, Miermaigne, Montemain (réunie aujourd'hui à Saumeray), Montmirail, Mottereau (réunie à Brou), Moulhard, le Plessis-Dorin, Saint-Lubin-des-Cinq-Fonts (réunie à Authon), Saint-Pellerin, Soizé, Trizay-lez-Bonneval, Unverre, Vieuvicq, Villevillon (réunie aux Autels-Saint-Eloy), Yèvre (2).

La mouvance des cinq baronnies n'a pas varié, au moins depuis le xiii⁰ siècle jusqu'à la fin du xviii⁰ : elles ont toujours relevé directement de l'église de Chartres; leur seigneur rendait foy et hommage à l'évêque de Chartres pour ces cinq terres par

cartes pour les années 1154, 1200, 1225, 1241; et il lui donne le titre de *baronnie du Perche-Gouet* dans la carte pour le règne de saint Louis; nous croyons, jusqu'à preuve du contraire, qu'il a fait là un anachronisme. Ce qui est plus grave, c'est que l'érudition cependant si profonde de cet éminent historien a certainement été mise en défaut quand il a classé le Perche-Gouet parmi les grands-fiefs ou fiefs immédiats de la Couronne, car il est hors de doute qu'il n'en était qu'un arrière-fief au moins dès le xiii⁰ siècle et selon toute vraisemblance dès l'établissement de la féodalité.

(1) Voyez les pièces justificatives.

(2) Nous donnons cette liste d'après le dictionnaire de la Sarthe de Pesche au mot Petit-Perche; M. Gouverneur (Essais sur le Perche, p. 49) donne, d'après la carte de Guillaume de Lisle, une liste qui concorde avec celle-ci, sauf qu'il omet Soizé.

un seul acte de foy, tant qu'elles furent unies sous la même main ; à partir de leur démembrement, le seigneur de Brou porta seul la foy et hommage à l'évêque de Chartres, auquel les aveux continuèrent à être rendus directement par le seigneur de chaque baronnie : c'est au moins ce qui semble ressortir de la déclaration de Marie de Melun en 1540. Mais ce qui varia, ce fut le lieu où le seigneur de ces terres était tenu de rendre ses foy et hommage à l'évêque de Chartres ; ce lieu fut d'abord le palais épiscopal de Chartres, comme le prouvent : la charte de 1241 d'Hugues de Châtillon, comte de Saint-Pol (1), celle de Saint-Louis de 1266, qui dit spécialement que la complaisance qu'a eue l'évêque de Chartres de recevoir, à Paris et non à Chartres, l'hommage d'Alluye et autres terres de son fils, Jean Tristan de France, ne doit point préjudicier à l'évêque ni à ses successeurs, et celle de Marguerite d'Anjou, reine de Sicile de 1297 ; plusieurs aveux ou actes de foy rendus postérieurement ne mentionnent pas le lieu où ils furent rendus ; enfin celui de 1505 indique que les cinq baronnies sont tenues en fief de la baronnie, châtel et châtellenie de Pontgouin, qui était probablement alors considérée comme le chef-lieu du temporel de l'église de Chartres ; l'hommage des cinq baronnies fut dès lors porté non plus à Chartres mais à Pontgouin (2) et cet état de choses dura jusqu'à la Révolution.

Au point de vue religieux, le Perche-Gouet était tout entier compris dans le diocèse de Chartres ; il fournit ensuite quelques paroisses à celui de Blois formé en 1697, et quelques autres à celui du Mans, lors du remaniement des diocèses par le Concordat de 1801.

Les cinq baronnies du Perche-Gouet étaient régies par une coutume locale et particulière sous la coutume générale du bailliage de Chartres (3).

En voyant la législation du bailliage de Chartres appliquée dans le Perche-Gouet, on serait tenté d'en conclure qu'il faisait également partie de ce bailliage au point de vue judiciaire : il n'en était rien cependant, et cela n'est pas étonnant, puisque le Perche-Gouet ne faisait pas partie du comté de Chartres, et que,

---

(1) *Si vero dominus episcopus homagium et juramentum... in palatio suo Carnotensi... receperit.* (Voy. les pièces justif.)

(2) Le château de Pontgouin, construit par Renaud de Mouçon, évêque de Chartres (1183-1217) (cartul. de Notre-Dame de Chartres, I, p. 251), fut réparé et augmenté par Jean de Montaigu (évêque de 1392 à 1406) *edificia episcopatus magnifice reparavit, non nulla etiam de novo et specialiter in castro de Pontegoenii, in quo turres notabiles a solo edificari fecit.* (Id. p. 32.)

(3) Grand coutumier général, t. II, p. 155 et suivantes.

comme nous l'avons vu pour la province du Perche, les circonscriptions judiciaires et féodales avaient les mêmes limites, le devoir et le droit de rendre la justice faisant partie des devoirs et des droits du seigneur féodal. D'après ces principes, le juge d'*appel* du Perche-Gouet aurait dû être le bailly de l'évêché de Chartres, mais le roi, nous ne savons comment, trouva moyen de lui substituer ses officiers.

Les appels des jugements rendus par les baillis du Perche-Gouet furent portés tantôt à Poissy, tantôt au Châtelet de Paris, et enfin depuis 1316 à Janville, dans le bailliage d'Orléans (à la demande de Robert de Joigny, 79ᵉ évêque de Chartres), d'où on pouvait en appeler au parlement de Paris ou à son présidial de Chartres 1. On réclama contre cette organisation lorsque, le duché d'Orléans se trouvant donné en apanage, Janville ne fit plus partie d'un bailliage royal, mais un arrêt du parlement rendu au profit de Charles, duc d'Orléans, père de Louis XII, maintint les cinq baronnies dans le ressort de la châtellenie de Janville (2 ; et, chose curieuse, un demi-siècle après, lors de la rédaction des coutumes d'Orléans en 1509, le procureur du roi au bailliage d'Orléans se basant sur ce que les appels des jugements rendus dans le Perche-Gouet étaient portés au bailliage de Chartres, voulut forcer les habitants de ce pays à comparaître pour la rédaction des coutumes d'Orléans, après qu'ils avaient pris part l'année précédente à la rédaction de celles de Chartres; mais cela ne changea rien à la législation usitée dans le Perche-Gouet.

Au point de vue financier, administratif et militaire, le Perche-Gouet faisait partie de la *généralité* et du *gouvernement militaire d'Orléans*.

⸲ 5. Châtellenie de la Loupe.

Tout le doyenné du Perche ou de Nogent appartenait à la région du Perche, et il appartenait en très grande partie à la seigneurie de Nogent-le-Rotrou; nous y trouvons cependant la châtellenie de la Loupe, qui relevait à foy et hommage lige de l'évêque de Chartres et appartenait aux comtes de Chartres.

Thibaut le Grand, comte de Champagne et de Chartres, mort en 1152, laissa la Loupe à son fils Etienne, comte de Sancerre, aux descendants duquel elle passa (3). Cette terre appartint, au

(1) Bry, p. 9, et manuscrit inédit nous appartenant.
(2) Manuscrit cité dans la note précédente.
(3) Chroniques percheronnes de l'abbé Fret, III, p. 512.

XIVe siècle, aux familles de Melun, de Préaux, de la Rivière, et fut achetée à la fin de ce même siècle par la puissante maison d'Angennes (1), d'où elle passa par alliance au marquis de la Ferté-Senectère, auquel la Convention l'enleva par confiscation en 1793.

Les habitants de la châtellenie de la Loupe suivaient la *Coutume de Chartres* et envoyaient leurs députés au *Bailliage principal* de Chartres. Les vingt justices seigneuriales qui composaient le *Bailliage* de la Loupe furent, d'après Pitard, réunies en une seule dans la seconde moitié du XVIIIe siècle (2).

Enfin la châtellenie de la Loupe faisait partie du gouvernement militaire et de la *généralité* d'Orléans.

(1) Voyez les pièces justificatives.
(2) Fragments historiques sur le Perche, p. 240.

CONCLUSION

§ 1. La région du Perche : terme de géographie physique ; la province du Perche et le Perche-Gouet : termes de géographie politique.

La vérité essentielle qu'il importe d'avoir toujours présente à l'esprit quand on étudie l'histoire ou la géographie du Perche et sur laquelle on ne saurait trop insister, c'est que : le mot *Perche* est à la fois un terme de géographie physique et un terme de géographie politique et sert à la fois à désigner des circonscriptions naturelles, religieuses, féodales et législatives, qui ont des limites différentes, tout en portant le même nom (1) :

1° Comme terme de *géographie physique*, il désigne un vaste territoire accidenté, formé d'une multitude de collines irrégulières, compris entre l'Avre au nord, le Loir à l'est, la Sarthe et la Braye à l'ouest, confinant du côté de l'est à la Beauce, du côté du sud à la Sologne, du côté du nord-ouest à la campagne d'Alençon, et entièrement couvert à une époque reculée par la forêt du Perche : ce territoire comme toutes les régions physiques du même

(1) Il est donc indispensable, quand on parle du Perche, d'indiquer si on s'occupe de la région, de la province, du comté de ce nom ou du Perche-Gouet, et de ne pas employer le mot Perche sans l'accompagner d'un autre mot faisant comprendre dans quel sens on le prend.

genre ne peut pas avoir de limites absolument précises (1), ni
concorder exactement avec aucune division politique : il en comprenait en effet plusieurs, la province du Perche, le Perche-Gouet
et une partie du Thimerais, du Dunois et du Vendômois.

2° Comme terme de *géographie politique,* le mot *Perche,* sans
épithète, désigne une province de la France, la province du Perche, qui comprenait un des *grands fiefs immédiats* de la Couronne : le *comté du Perche,* appelé quelquefois *Grand-Perche* ou
Haut-Perche, et trois autres fiefs non immédiats : Longny, Marchainville et la Motte-d'Iversay, et qui forme actuellement au
point de vue administratif l'arrondissement de Mortagne presque
entier et la moitié de l'arrondissement de Nogent-le-Rotrou. — *Le
Perche-Gouet,* nommé quelquefois *Petit-Perche* ou *Bas-Perche,* situé dans la *région* du Perche, comme la province du même nom,
n'avait avec cette province aucun rapport politique ou administratif,
il relevait féodalement de l'évêché de Chartres et suivait la Coutume du pays Chartrain dans tous les cas où il n'y était pas dérogé
par la Coutume locale du Perche-Gouet ; les 36 communes qui
le composent sont actuellement comprises dans les départements
d'Eure-et-Loir, de Loir-et-Cher et de la Sarthe. — Deux doyennés
du diocèse de Chartres portaient le même nom de *doyenné
du Perche :* le doyenné de Nogent ou du Perche, dans le Grand-
Archidiaconé, le doyenné du Perche ou de Dunois-au-Perche dans
l'archidiaconé de Dunois. — La province, le comté, les doyennés
du Perche de même que le Perche-Gouet avaient (et ne pouvaient
pas ne pas avoir) des limites absolument précises et certaines (2).

§ 2. La province du Perche n'a jamais dé-
pendu ni fait partie d'aucune autre pro-
vince.

Le second fait sur lequel il n'est pas inutile d'attirer l'attention,
c'est que : le *comté* du Perche a toujours été un des *grands-fiefs*

(1) Nous avons essayé d'en indiquer les limites approximatives dans la
carte placée au commencement de cette étude, en nous servant comme
jalons des localités placées, par des textes historiques ou par la forme
même de leur nom, dans la forêt ou la région du Perche ; ce travail serait
utilement complété par une étude géologique de cette région sur le boise-
ment caractéristique de laquelle le sous-sol a certainement eu une grande
influence.

(2) Nous avons tracé sur notre carte les limites de la province du Perche et donné, p. 128 et 129, d'après des documents officiels, la liste de
toutes les communes qui en faisaient partie.

ou *fiefs immédiats* de la Couronne de France, — que le *bailliage*
du Perche (dont le territoire correspondait exactement à ce
comté) était un *bailliage-principal* ou *grand-bailliage* dont les députés allaient directement siéger aux États-Généraux du royaume,
— que la *province* du Perche était une véritable province ayant
sa législation propre, et non une partie ou subdivision d'une province quelconque.

La province du Perche relevait au spirituel des *diocèses* de
Chartres, de *Séez* et du *Mans;* elle était comprise dans la *Généralité* et l'*Intendance* d'Alençon pour la majeure partie et pour la
moindre dans celle d'*Orléans;* elle contribuait tout entière à former le *gouvernement-général* de *Maine-et-Perche;* — mais elle
ne faisait pas pour cela partie du *Pays Chartrain* où se trouvait
Chartres, siège de l'évêché de ce nom, ni de la *Normandie* où se
trouvaient Séez, siège d'évêché, et Alençon, chef-lieu de généralité, ni de l'*Orléanais* où se trouvait Orléans, ni du *Maine* qui formait les deux tiers du gouvernement de Maine-et-Perche : il serait aussi absurde et ridicule de le prétendre, que de regarder le
département de l'*Orne* ou une partie quelconque de son territoire
comme faisant partie du département de la *Sarthe*, parce qu'il est
compris dans la division militaire du *Mans*, ou comme faisant
partie du *Calvados*, parce qu'il dépend de la Cour d'appel et de
l'Académie de *Caen*.

Beaucoup de Français instruits ignorent souvent le nom même
d'importantes provinces de France, les détestables manuels
classiques et les dictionnaires dont l'usage est le plus courant
donnant des listes de province de la plus haute fantaisie, énumé-
rant le plus souvent sous le nom de provinces les *Gouvernements
militaires* ou les *Généralités* (1), parfois même certaines *régions
purement physiques*, et indiquant la concordance de ces préten-
dues provinces et des départements actuels avec une désinvol-

(1) Ces divisions artificielles n'ayant laissé aucun souvenir, ni aucun
regret, malgré leurs deux siècles d'existence, sont d'une importance très
secondaire, tandis que la plupart des provinces correspondent à peu près
au territoire des différentes tribus gauloises dont le nom forme la racine
du leur et subsistent malgré les divisions administratives établies par les
Romains, les Francs, la royauté et la Révolution : il est donc assez absurde d'exiger que la jeunesse sache en détail des divisions plus ou
moins éphémères et de ne pas même lui énumérer celles qui datent de
deux mille ans et sont citées à toutes les pages de notre histoire.

M. Dussieux place une note très judicieuse dans ce sens en marge de la
planche 4 de son atlas (1810), malheureusement la carte qu'il donne ne répond
pas au desideratum qu'il exprime si bien; espérons que les belles publi-
cations de M. Longnon vont enfin répandre en France ces notions élé-
mentaires sans lesquelles l'histoire de France est inintelligible.

ture non moins grande (1). Comme il est beaucoup plus difficile
de désapprendre les erreurs apprises pendant la jeunesse que
d'apprendre de nouvelles vérités, ces grossières erreurs se trouvent souvent reproduites dans des ouvrages fort savants du reste.

Toutes les provinces, grandes comme petites, ayant été supprimées en même temps, le 15 janvier 1790, il est contraire à
toutes les règles de la logique et de la justice de considérer
comme existant encore certaines d'entre elles dont le territoire
correspond à peu près à celui de plusieurs départements réunis
et de regarder en même temps comme non exist*** *es d'autres provinces moins étendues qui se trouvent, comm.* l* *erche, à cheval sur deux départements; la vérité est que to*tes les provinces
ont été, le même jour, supprimées officiellement, mais que leurs
habitants n'en conservent pas moins une communauté de race,
de mœurs, d'intérêts et de traditions; et le sentiment de cette
communauté est naturellement resté plus vif dans les provinces
qui, jusqu'à la Révolution, jouissaient d'une complète autonomie,
sous le nom de *Pays d'États,* que dans celles de *Pays d'Élections*
depuis plus longtemps préparées à la servitude administrative.

§ 3. La suppression des provinces a été opérée contrairement au vœu formel exprimé dans tous les cahiers de 1789.

Voici comment s'exprime un géographe qu'on n'accusera pas
d'être rétrograde et réactionnaire : « La division mathématique
« du territoire de la France opérée par l'Assemblée nationale, la
« substitution des noms physiques aux anciens noms de provin-
« ces, fut *sans doute* une *nécessité politique,* et l'acte constitutif
« de l'unité nationale poursuivie avec tant de persévérance
« depuis Hugues Capet. Mais aujourd'hui que la division dépar-
« tementale a produit irrévocablement les effets qu'on en atten-
« dait, il est permis de remarquer avec quelle précipitation,
« quelle *ignorance* de la constitution géologique du pays, quel

(1) Des arrondissements entiers sont souvent traités en quantités négli-
geables : c'est ainsi que la province du Perche étant partagée entre trois
départements se trouve rarement nommée, quoique son nom doive figurer
dans une liste exacte des Grands-Gouvernements militaires; quand on
lui fait l'honneur de la nommer, tantôt elle est indiquée comme faisant
partie de l'Orléanais, tantôt de la Normandie, tantôt du Maine.

La Beauce qui n'a jamais été qu'une région physique est constamment
citée soit comme une province, soit comme une subdivision de l'Orléanais.

« *mépris* des divisions naturelles du sol, des souvenirs histori-
« ques, des coutumes et *des besoins* de ses habitants, s'est opérée
« cette grande et révolutionnaire transformation. *Aussi* la vieille
« division gauloise, née du sol et des races, *la division par pro-*
« *vinces, a-t-elle subsisté à travers les temps et les réformes; elle*
« *est restée populaire comme la seule vraie, la seule historique, la*
« *seule rationnelle* (1). »

Les idées si bien exprimées dans les deux dernières phrases
nous semblent profondément vraies, mais la *nécessité* dont il est
parlé dans la première, est à notre avis bien loin d'être démontrée ; en effet, si l'unité nationale n'eût pas été bien réellement
constituée au XIV° siècle, si la France n'eût pas déjà formé un
organisme vivant, dont toutes les parties étaient, par suite, des
membres intégrants, pourquoi Jeanne d'Arc serait-elle venue
chasser l'étranger de tout le royaume, au lieu de restreindre son
patriotisme à la Lorraine ou à la Champagne? Comment enfin
l'unité nationale eût-elle pu survivre à la sanglante Terreur et
aux épouvantables guerres civiles déchaînées par la Révolution,
si elle n'eût existé depuis des siècles, cimentée par des affections
et des fidélités héréditaires, base autrement solide, croyons-nous,
que le décret illégal d'une réunion d'insurgés, s'affublant de leur
propre autorité du titre menteur d'Assemblée nationale.

Ces députés n'eussent-ils pas agi d'une façon plus légale et
plus utile en remplissant purement et simplement le mandat impératif qu'ils avaient reçu de leurs électeurs : il leur enjoi-
gnait à tous de demander, d'une part, l'unité de législation, de
poids et mesures et la suppression des douanes intérieures, d'autre part, le rétablissement d'États provinciaux dans les provinces
qui en étaient privées, et la suppression des intendants; voilà ce
qu'ils avaient le *devoir absolu* de faire : sans en avoir aucun droit,
ils ont fait juste le contraire en supprimant toutes les provinces et
remplaçant les *35 intendances,* dont la France ne voulait plus, par
83 départements, gouvernés peu d'années après par de nouveaux
intendants nommés préfets.

Voici le résumé des cahiers de 1789 sur cette question, cahiers
qui, comme on le sait, constituaient, d'après les lois alors en
vigueur, un *mandat strictement impératif* pour les députés : « Les
vœux relatifs à la réforme administrative ne sont ni longs ni difficiles à préciser. La nation tout entière, clergé, noblesse, tiers-
état, sans réserve, sans hésitation, demande l'application *à la*
province et à la commune des principes reconnus indispensables

---

(1) Théophile Lavallée : Étude sur la géographie générale de la France
(placée au commencement de la Géographie illustrée de la France, par
J. Verne), p. XXVII.

pour le gouvernement central, c'est-à-dire l'installation, dans chaque province et dans chaque commune, d'une administration civile librement élue, constituée et organisée (1). »

Pour ce qui concerne notre province en particuli ', la Noblesse du bailliage du Perche demande « qu'il soit accordé des Etats à la province du Perche, à laquelle seront réunis le Thimerais, le Perche-Gouet et les paroisses qui faisaient partie de l'ancienne Election de Longny (2). » Le Tiers-Etat de la châtellenie de Mortagne demande, art. 13 : « Que les anciens Etats de la province du Perche soient rétablis et qu'on y réunisse le Thimerais qui en faisait anciennement partie, ainsi que Champrond, Brezolles et Senonches qui en ont été distraits sous le règne de Henri II (3) et même les paroisses qui faisaient partie de l'ancienne Election de Longny, qui font partie de la province et qui sont régies par la Coutume du Perche (4). » Le cahier du clergé de la province du Perche n'a encore pu être retrouvé, mais il n'est pas douteux qu'il ne contint un vœu analogue.

Le courant d'opinion qui réclamait le rétablissement des libertés provinciales était si universel à la fin du xviii* siècle, qu'à la suite de l'Assemblée des Notables, Louis XVI, par édit du 20 juin 1787, avait doté toute la France d'Assemblées municipales, d'Assemblées d'Election ou de Département, et enfin d'*Assemblées provinciales,* dont les travaux, sans le cataclysme de la Révolution, auraient pu produire les plus féconds résultats pour le bonheur de la France, comme il est facile de s'en rendre compte en étudiant leurs procès-verbaux ; mais cette excellente mesure, malheureusement trop tardive, ayant été exécutée par des bureaucrates et non par des représentants des populations, le cadre adopté n'avait pas été celui des provinces, comme le nom de ces assemblées semble l'indiquer, mais celui des Généralités ; les réunions de l'Assemblée provinciale de la Généralité d'Alençon (Moyenne-Normandie et Perche), se tinrent en novembre et décembre 1787 à Lisieux, cette ville étant plus centrale qu'Alençon (5).

----

(1) De Poncins : Les cahiers de 89 ou les vrais principes libéraux, p. 221.

(2) Cahier de l'ordre de la Noblesse du Bailliage du Perche, art. IX ; Documents pour servir à l'histoire des élections aux Etats-Généraux de 1789 dans la Généralité d'Alençon, par M. L. de La Sicotière, p. 53.

(3) C'était une erreur historique, le Perche-Gouet et le Thimerais n'ayant pas fait partie de la province, mais de la région physique du Perche.

(4) Annuaire de l'Orne pour 1888, partie historique, p. 122. Les cahiers rédigés dans chaque paroisse et publiés dans ce volume, contiennent presque tous l'expression de ce désir.

(5) Voyez le Procès-verbal des séances de l'Assemblée provinciale de la Moyenne-Normandie et du Perche, in-4°, Lisieux et Paris, 1787.

§ 4. Nécessité pour arriver à une décentralisation réelle de reconnaître officiellement la division par provinces.

La division par provinces étant restée populaire comme la seule vraie, la seule rationelle, la logique la plus élémentaire exige qu'elle soit adoptée en principe comme cadre par tous ceux qui comprennent la nécessité d'une décentralisation véritable, sauf à apporter aux limites de leurs circonscriptions les changements que les populations intéressées, duement consultées, jugeraient nécessaires à cause de situations ou de besoins nouveaux.

On s'aperçoit en France, depuis un certain temps déjà, qu'au lieu de parler sans cesse au peuple de sa prétendue souveraineté, il serait préférable de prendre et de suivre son avis quand il s'agit de ses intérêts, dont il se rend peut-être aussi bien compte que l'*Administration*, malgré l'omniscience et l'infaillibilité incontestées de celle-ci ; la conséquence qui s'impose de plus en plus est que pour sauvegarder les intérêts du pays, depuis trop longtemps sacrifiés à la comédie peu amusante du parlementarisme, il est indispensable de remplacer un gouvernement central, humble instrument d'assemblées de politiciens sans aucun mandat, et une hiérarchie de fonctionnaires autocrates et irresponsables, absorbant à peu près tout le gouvernement local, par un gouvernement central et provincial réellement représentatif.

Dès 1864, F. Le Play, dans son admirable livre : *La Réforme sociale en France, déduite de l'observation comparée des peuples européens*, prouvait la nécessité pour la France d'une reconstitution provinciale et le paragraphe 67 (III, p. 496) est le développement de cette proposition : *Les vraies attributions de l'Etat sont celles qui ne peuvent être exercées ni par la famille, ni par l'association, ni par la commune, ni par la province.* Le livre la *Réforme sociale* est devenu le drapeau d'une pléiade d'hommes instruits et éminents qui cherchent dans l'observation consciencieuse des faits la solution des problèmes sociaux, et le titre d'une revue qui publie le résultat de leurs travaux.

Vingt-cinq ans plus tard, un groupe important de catholiques, hommes d'œuvres et d'étude à la fois, organisèrent avec succès dans beaucoup de nos provinces des assemblées où, comme dans les Etats provinciaux, étaient présentés, puis discutés avec soin, des vœux relatifs à toutes les questions religieuses, morales, économiques, etc., qui intéressent la société. Ce groupe a pour organe : *L'Association catholique, revue des questions sociales et ouvrières,* et voici un passage de son *Programme* (3° page de la couverture) : « ..... Enfin montrer dans le régime corporatif, étendu aux diverses conditions sociales, la base du système représentatif, seul capable de restaurer les libertés publiques, *en restituant aux provinces leur autonomie,* leurs franchises aux communes, et leurs droits aux corps professionnels. »

Un certain nombre de républicains de diverses nuances, reconnaissent également la nécessité d'une décentralisation administrative, et les préjugés curieux que beaucoup conservent contre la reconstitution du cadre approximatif et du nom même de nos antiques et glorieuses provinces disparaîtront, nous l'espérons, quand ils reconnaîtront en étudiant l'histoire de plus près : 1° que ce ne sont pas les rois qui ont nommé et délimité nos provinces, presque toutes bien plus anciennes que la monarchie, mais que ce sont au contraire les partisans du pouvoir absolu qui leur ont successivement enlevé presque toutes les libertés auxquelles elles avaient droit et qui, par la division arbitraire de la France en généralités, ont préparé son morcellement en petits carrés sans vie et sans nom, organisé par Bonaparte et conservé comme excellent et très commode par tous les gouvernements monarchiques du siècle ; 2° que les seules républiques modernes qui soient dignes d'être prises comme exemple : la Suisse et les États-Unis d'Amérique, sont composées de provinces autonomes, conservant avec fierté leurs noms et leurs limites historiques et réglant souverainement toutes les questions d'intérêt purement local.

Aussi souhaitons-nous ardemment qu'il s'établisse bientôt, en dehors de toute question de forme de gouvernement, une ligue dont les membres poursuivront par tous les moyens légaux le *rétablissement de nos provinces,* — *portant leurs vrais noms,* qui sont restés courants dans les usages populaires et ne sauraient choquer que les étrangers jaloux de nos gloires, — *recouvrant,* à moins d'avis contraire des habitants, *leurs limites* naturelles et *traditionnelles,* — jouissant enfin *d'une véritable autonomie,* au moyen d'assemblées pourvues : 1° des attributions actuelles des Conseils Généraux ; 2° de celles qui, tout en étant relatives à des intérêts purement locaux, sont depuis plus ou moins longtemps indûment exercées par le gouvernement central ou par ses agents des préfectures et sous-préfectures, dont le seul rôle légitime est de vaquer exclusivement à l'administration de tout ce qui touche aux besoins et aux intérêts d'un caractère réellement général ou national.

CORRECTIONS ET ADDITIONS

Dans la Carte de la région et province du Perche, modifier le contour des limites de la Province de façon à ce qu'il ne comprenne pas Thiron, qui n'en faisait pas partie.

P. 18. La citation d'A. de Valois que nous donnons à la note 7, avait été tirée par cet auteur du Cartulaire de Saint-Père de Chartres et se trouve au t. Ier, p. 197, de l'édition qu'en a donnée M. Guérard en 1840. La seule correction importante à faire au texte que nous avions donné d'après A. de Valois est qu'il faut lire non *Corbionensi*, mais *Corbonensi*. La charte suivante du même Cartulaire, relative à la même terre que la précédente, est datée du 25 juin 954 et signée par le duc de France, Hugues le Grand, et ses fils Othon et Hugues, ainsi que par Hervé, comte de Mortagne.

P. 26, note 1, cette note s'applique au Boisseau et la note 2 s'applique à Boisméan.

P. 27, ligne 18, au lieu de « Clotaire », lire *Lothaire*.

P. 30, au lieu de « Rotrou III le Grand, 8e seigneur de Bellême », lire « *10e seigneur* ».

P. 30, reporter la dénomination de Talvas de Guillaume Ier à Guillaume II.

Tableau p. 44. Sous le nom de Foulques, fils de Hugues III, mettez « *ou Fulcoïs* ». — Au lieu de « *Béatrice, ép. Renaud III, s^r de Châteaugontier* », lisez : « *Renaud IV* ». — Au lieu de « *Toiange* », sous Thomas, 5e comte, lisez *Trainel*. — D'après le Paige (dict^{re} du Maine, II, 503), ce fut *Jeanne du Bouchet (de la Guerche d'après d'autres)* qui ép. 1° *Hugues VI, 10e v^{te} de Châteaudun*, et 2° *Robert III, c^{te} d'Alençon*. — Au lieu de « *Jeanne, dame de Montfort, ép. Guillaume l'archevêque* », lisez *Larchevêque*.

P. 52, ligne 8, au lieu de « Béatrice, femme de Renaud III », lisez : *Renaud IV*.

P. 60, au lieu de « Béatrice du Perche, ép. Renaud III », lisez : *Renaud IV*.

P. 61, au lieu de « Emery de la Rochefoucaud, s^r de Châtelle-

raut », lisez : *Emery III, vicomte de Châtelleraut,* le ch^r de Courcelles, dans son hist. des Pairs, ayant établi que le P. Anselme
avait à tort rattaché la famille des premiers seigneurs de Châtelleraut à la maison de la Rochefoucaud, et qu'ils ont une origine
distincte.

P. 70, l. 21, au lieu de « Rotrou », lire : *Geoffroy V.*

P. 71, note 4, au lieu de « voyez ces chartes dans nos Pièces
justificatives », lire : *dans le cartulaire des Clairets publié par le
vicomte de Souancé.*

P. 74, à l'article de Charles Ier, au lieu de « Courthenay », lire :
Courtenay. — Effacer la partie de l'accolade placée sous le nom
de Jean Ier et qui, telle qu'elle est, semblerait indiquer que Louis XI
était fils de Jean Ier et frère de Jean II.

P. 79, rayer la phrase commençant par : « Le Père Anselme ..
et finissant par : ... de cette donation. » En effet, le ms. 18957 de
la B. N. contient une copie de lettres d'octobre 1277 par lesquelles
Philippe-le-Hardi, rappelant seulement la donation de 1269, dit
que le comte Pierre d'Alençon réclamait en justice comme faisant
partie du duché d'Alençon et par conséquent de ce qui lui appartenait en vertu de la donation de 1269, les fiefs de Saint-Cénery
et de Hauterive, et lui rend et lui délivre ces fiefs ; ces lettres ne
sont donc aucunement une confirmation de celles de mars 1269.

P. 80 Le don en apanage du comté du Perche à Charles de
Valois n'a pas eu lieu en 1290, comme nous le pensions, mais
seulement entre le 10 avril 1299 et le 5 janvier 1302, car dans une
charte donnée à la première de ces dates, le roi Philippe le Bel
parle du temps où il y avait un comte dans le Perche, avant la
réunion de ce comté à la Couronne, et dans la deuxième il parle
de son frère Charles, comte du Perche. Ces deux chartes se
trouvent dans le Cartulaire de Saint-Denis de Nogent-le-Rotrou,
publié en 1895 dans les « Archives du diocèse de Chartres », p. 250
et 251.

P. 98, en bas, au lieu de « Philippe, dame de Héronville », lisez :
Hérouville.

Id. au 4e degré, au lieu de « Arnoul † avant son père », lisez :
*Arnoul, 5e seigneur de Bellême, mort sans enfants. (Voy. la note 3
de la p. 101)*

P. 100, ajouter après la note 4 : Ce passage se trouve dans le
Rec. des hist. des G. et de la Fr., t. X, p. 191, C.

P. 101, ligne 9, au lieu de « fils de Guillaume II », lisez : *de
Guillaume Ier.*

Bourg de Saint-Germain-de-la-Coudre

P. 110 ajouter :

§ 4. SEIGNEURIE DE MONTIREAU

La paroisse de Montireau était encore comprise dans la province du Perche et ses seigneurs étaient vassaux de l'évêché de Chartres, comme le prouvent les chartes de 1250 et de 1333 que nous donnons au *Supplément des Chartes du Perche.*

P. 112. Ajouter après : Mauves (Saint-Jean) *[Réunie à Saint-Pierre en 1385]* (2).

(2) *Cette réunion fut faite par ordre de Grégoire, évêque de Séez, du consentement d'Etienne, doyen de Saint-Denis de Nogent. [Hist. ms. du Perche en notre possession, t II, p. 113].*

P. 122. Ajoutez après la note 3 :

Une charte des Arch. Nat. [ancien J 782, n° 31] datée de 1514, nous montre le roi ajournant le duc d'Alençon, comte du Perche, aux Jours du bailliage de Chartres, pour voir et corriger à la plainte de Philippe de Blavette, bailly du Perche.

P. 122. Lire à la suite de la note 4 :

Ce même ms. t. II, p. 114, et l'annotateur de Bart des Boulais [éd. Tournoüer, p. 59, note 2] mentionnent un : « jugement des Grands-Jours du Perche du 22 mars 1392 ».

P. 124. Lire à la suite de la note 2 :

Enfin, les assises du Perche ont pu, à une époque ultérieure, se tenir aussi dans d'autres villes, car M. l'abbé Godet [Mémoire sur les paroisses du Mage et de Feillet, p. 107] cite les : Assises de la province du Perche, tenues à Verneuil le 14 septembre 1643.

P. 131. Nous indiquons qu'une somme fut levée en 1466 sur les habitants de l' « *élection d'Alençon et du Perche*, Saint-Silvin et le Thuit », mais il n'en faut peut-être pas conclure que le Perche faisait partie de l'élection d'Alençon, car deux autres textes semblent indiquer le contraire, l'un daté de cette même année 1466, l'autre de 1471 : « 21 février 1466. Ordre de faire la répartition sur l'élection d'Alençon et le comté du Perche de la somme de 3,830 l. t. ». Tardif, monuments historiques, p. 487, n° 2176. « 5 février 1471. Ordre du roi d'imposer sur l'élection d'Alençon et le comté du Perche 2,500 l. t. faisant partie des 4,000 l. assignées au comte du Perche pour la solde des gens de guerre en garnison à Alençon, Domfront, Argentan, etc. ». Tardif, monuments historiques, p. 489.

P. 135, 13e ligne de la note, au lieu de « où il y a », lisez *où il a*, et 14e ligne, au lieu de « où il n'y en », lisez : *où il n'en.*

P. 137, note 5, au lieu de « B. 2607 », lisez : *B. 2687.*

P. 148. Ajoutez à la note 2 :

Simon de Dreux possédait aussi en 1412 une partie de la terre de Senonches, comme nous le voyons par une charte du 20 février 1412, publiée par A. Duchesne dans l'histoire de la maison de Dreux, p. 337.

P. 154, note 2, après « en Thymerais », ajouter :

(Arch. nat., P. 227, n° 59).

P. 163, ligne 21, supprimer : « au bailliage de Chartres », et lire : *à la châtellenie de Janville, comprise dans le bailliage d'Orléans.*

TABLE ANALYTIQUE

PREMIÈRE PARTIE

Géographie du Perche avant l'époque féodale.

CHAPITRE Ier. — LA FORÊT DU PERCHE.

CHAPITRE II. — PREMIÈRES DIVISIONS CIVILES
ET ECCLÉSIASTIQUES ÉTABLIES DANS LA RÉGION DU PERCHE.

CHAPITRE III. — EXAMEN DE QUELQUES QUESTIONS
CONTROVERSÉES.

DEUXIÈME PARTIE

La province du Perche comprenant : le comté du Perche, la baronnie de Longny, les chatellenies de la Motte-d'Yversay et de Marchainville.

CHAPITRE Iᵉʳ. — FORMATION DU COMTÉ DU PERCHE ET ORIGINES DE SES PREMIERS COMTES.

CHAPITRE II. — PREMIERS COMTES DU PERCHE.

CHAPITRE III. — SUCCESSION DU PERCHE.

CHAPITRE IV. — COMTES DU PERCHE DE LA MAISON DE FRANCE.

CHAPITRE V. — DES PREMIERS SEIGNEURS DE BELLÊME.

CHAPITRE VI. — FIEFS NE FAISANT PAS PARTIE DU COMTÉ, MAIS SEULEMENT DE LA PROVINCE DU PERCHE.

CHAPITRE VII. — LA PROVINCE DU PERCHE ET LES CIRCONS-CRIPTIONS D'ORDRES DIVERS DONT ELLE FAISAIT PARTIE OU QUI FAISAIENT PARTIE D'ELLE.

TROISIÈME PARTIE

Fiefs situés dans la région physique mais non dans la province du Perche.

CONCLUSION

www.ingramcontent.com/pod-product-compliance
Lightning Source LLC
Chambersburg PA
CBHW051538050726
47595CB00002B/545